国家重点基础研究发展计划（973计划）项目(2006CB403400)
"十一五"国家科技支撑计划（2006BAB04A16） 资助

"十二五"国家重点图书出版规划项目

海河流域水循环演变机理与水资源高效利用丛书

黄淮海流域水资源配置模型研究

赵建世 杨元月 著

科学出版社

北京

内 容 简 介

水资源系统是典型的"人类-自然耦合系统"或"自然-人工二元系统",这要求我们在经济社会和生态环境协调发展的大背景下,更新水资源系统分析的基本理论框架和规划管理对策。本书首先介绍水资源系统分析的起源、发展历程、研究前沿和未来趋势,在此基础上提出了面向人类-自然耦合的水资源配置整体模型系统的理论方法、模型结构和定量方程。结合我国黄河流域、海河流域和淮河流域的规划管理问题,分别建立这三个流域的水资源系统整体模型,分析未来社会经济发展和工程建设情景下的水资源供需情景和经济、社会、生态影响,并提出了相关的研究结论和政策建议。

本书可供大专院校、研究机构和管理部门的相关专业人士参考。

图书在版编目(CIP)数据

黄淮海流域水资源配置模型研究 / 赵建世著. —北京:科学出版社, 2015.8

(海河流域水循环演变机理与水资源高效利用丛书)

"十二五"国家重点图书出版规划项目

ISBN 978-7-03-045354-9

Ⅰ. 黄… Ⅱ. 赵… Ⅲ. ①黄河流域-水资源管理-研究②淮河-流域-水资源管理-研究③海河-流域-水资源管理-研究 Ⅳ. TV213.2

中国版本图书馆 CIP 数据核字(2015)第 189355 号

责任编辑:李 敏 吕彩霞 / 责任校对:钟 洋
责任印制:肖 兴 / 封面设计:王 浩

科学出版社 出版
北京东黄城根北街 16 号
邮政编码:100717
http://www.sciencep.com

中国科学院印刷厂 印刷
科学出版社发行 各地新华书店经销

*

2015 年 8 月第 一 版　开本:787×1092　1/16
2015 年 8 月第一次印刷　印张:11　插页:2
字数:550 000

定价:110.00 元
(如有印装质量问题,我社负责调换)

总　　序

　　流域水循环是水资源形成、演化的客观基础，也是水环境与生态系统演化的主导驱动因子。水资源问题不论其表现形式如何，都可以归结为流域水循环分项过程或其伴生过程演变导致的失衡问题；为解决水资源问题开展的各类水事活动，本质上均是针对流域"自然–社会"二元水循环分项或其伴生过程实施的基于目标导向的人工调控行为。现代环境下，受人类活动和气候变化的综合作用与影响，流域水循环朝着更加剧烈和复杂的方向演变，致使许多国家和地区面临着更加突出的水短缺、水污染和生态退化问题。揭示变化环境下的流域水循环演变机理并发现演变规律，寻找以水资源高效利用为核心的水循环多维均衡调控路径，是解决复杂水资源问题的科学基础，也是当前水文、水资源领域重大的前沿基础科学命题。

　　受人口规模、经济社会发展压力和水资源本底条件的影响，中国是世界上水循环演变最剧烈、水资源问题最突出的国家之一，其中又以海河流域最为严重和典型。海河流域人均径流性水资源居全国十大一级流域之末，流域内人口稠密、生产发达，经济社会需水模数居全国前列，流域水资源衰减问题十分突出，不同行业用水竞争激烈，环境容量与排污量矛盾尖锐，水资源短缺、水环境污染和水生态退化问题极其严重。为建立人类活动干扰下的流域水循环演化基础认知模式，揭示流域水循环及其伴生过程演变机理与规律，从而为流域治水和生态环境保护实践提供基础科技支撑，2006年科学技术部批准设立了国家重点基础研究发展计划（973计划）项目"海河流域水循环演变机理与水资源高效利用"（编号：2006CB403400）。项目下设8个课题，力图建立起人类活动密集缺水区流域二元水循环演化的基础理论，认知流域水循环及其伴生的水化学、水生态过程演化的机理，构建流域水循环及其伴生过程的综合模型系统，揭示流域水资源、水生态与水环境演变的客观规律，继而在科学评价流域资源利用效率的基础上，提出城市和农业水资源高效利用与流域水循环整体调控的标准与模式，为强人类活动严重缺水流域的水循环演变认知与调控奠定科学基础，增强中国缺水地区水安全保障的基础科学支持能力。

　　通过5年的联合攻关，项目取得了6方面的主要成果：一是揭示了强人类活动影响下的流域水循环与水资源演变机理；二是辨析了与水循环伴生的流域水化学与生态过程演化的原理和驱动机制；三是创新形成了流域"自然–社会"二元水循环及其伴生过程的综合模拟与预测技术；四是发现了变化环境下的海河流域水资源与生态环境演化规律；五是明晰了海河流域多尺度城市与农业高效用水的机理与路径；六是构建了海河流域水循环多维临界整体调控理论、阈值与模式。项目在 2010 年顺利通过科学技术部的验收，且在同批验收的资源环境领域 973 计划项目中位居前列。目前该项目的部分成果已获得了多项省部级科技进步一等奖。总体来看，在项目实施过程中和项目完成后的近一年时间内，许多成果已经在国家和地方重大治水实践中得到了很好的应用，为流域水资源管理与生态环境治理提供了基础支撑，所蕴藏的生态环境和经济社会效益开始逐步显露；同时项目的实施在促进中国水循环模拟与调控基础研究的发展以及提升中国水科学研究的国际地位等方面也发挥了重要的作用和积极的影响。

本项目部分研究成果已通过科技论文的形式进行了一定程度的传播，为将项目研究成果进行全面、系统和集中展示，项目专家组决定以各个课题为单元，将取得的主要成果集结成为丛书，陆续出版，以更好地实现研究成果和科学知识的社会共享，同时也期望能够得到来自各方的指正和交流。

最后特别要说的是，本项目从设立到实施，得到了科学技术部、水利部等有关部门以及众多不同领域专家的悉心关怀和大力支持，项目所取得的每一点进展、每一项成果与之都是密不可分的，借此机会向给予我们诸多帮助的部门和专家表达最诚挚的感谢。

是为序。

海河 973 计划项目首席科学家
流域水循环模拟与调控国家重点实验室主任
中国工程院院士

2011 年 10 月 10 日

序

水资源的利用伴随着整个人类社会发展的历程，自从人类社会对自然界的水进行开发利用伊始，水就成为一种最基础的资源。目前，随着经济社会的快速发展，一方面水资源对于人类社会的重要性日益增加，另一方面人类社会对水资源系统影响的深度和广度也在逐渐加大，水资源利用相关问题的复杂性不断增加。由于气候变化的影响和经济社会取-耗-排水量的增加，水资源稀缺与水生态环境退化问题已在全球范围内成为一种正在发生或是潜在的挑战。科学理解变化环境下水资源系统、社会经济系统和生态环境系统之间的相互作用关系，探索系统的演变与发展规律和相互作用关系，并在此基础上做出符合自然规律和经济规律的水资源规划与管理决策，是实现水资源可持续利用的科学的科学基础。

黄河流域、海河流域和淮河流域在我国的重要性毋庸置疑，其水资源短缺和生态环境问题也非常突出。南水北调是我国全局性的水资源配置工程，对于缓解黄淮海流域严重的缺水紧张局面具有重要的战略意义。目前东、中线工程已经正式通水，在大规模的外调水进入后，如何高效利用这些宝贵的水资源？未来黄淮海流域水资源供需形势究竟如何？南水北调后续工程的必要性和时机如何判断？这些问题对于黄淮海流域甚至全国的水资源配置与管理都是至关重要的。为此，国家设立了"十一五"国家科技支撑计划"南水北调水资源综合配置技术研究"（编号：2006BAB04A16）和国家重点基础研究发展计划（973计划）项目"海河流域水循环演变机理与水资源高效利用"（编号：2006CB403400）以及一系列相关的重大科研项目进行专门的研究，针对性地回答了这些问题，为黄淮海流域的水资源配置以及南水北调工程的科学管理提供了基础性的科技支撑。

在支持我国重大国家需求的同时，项目的研究成果在水资源系统分析的基础理论方面也有显著的进展，尤其是在面向人类—自然耦合的二元水资源系统模型方面的成果，学术意义重大。基于人类—自然水资源系统的复杂特性，只有将社会科学方面的理论方法（如宏观经济学、计量经济学、资源经济学、人口社会学等）与自然科学方面的理论方法（如水资源系统分析、水文学、水环境学、生态学等）有机融合，才能够真正建立适合二元水循环模式的水资源配置理论与模型，为分析水系统、社会经济系统和生态环境系统之间的相互作用提供科学工具。基于此基本思路，本书明确提出了面向人类—自然耦合的水资源配置整体模型系统，并结合黄淮海流域以及南水北调工程的实际情况，对相关的重大配置、管理问题进行了定量分析，为相关问题的决策提供了重要的科学参考，并在黄淮海流域的管理实践中得到了应用。

本书对相关项目成果中的水资源配置研究部分进行了全面和系统的总结，形成了理论方法、系统模型和应用案例等章节，可以更好地服务于我国水资源配置的科学研究和生产实践。

中国水利水电科学研究院

水资源研究所所长

2015 年 8 月

前　言

　　黄河流域、海河流域和淮河流域地位重要，但水资源问题突出。三大流域总面积约为 144 万 km²，约占全国的 15%；总人口约为 4.5 亿，约占全国的 35%，其中城镇人口约 1.9 亿。这一地区土地资源丰富，是中国重要的农业经济区和粮食、棉花主产区；能源和矿产资源丰富，如煤、石油、天然气、铁、铝、石膏、石墨、海盐等储量居全国前列。另外，北京、天津、石家庄、济南、青岛、郑州、兰州、西安、太原、呼和浩特、西宁等大城市在我国国民经济与社会发展中具有重要的战略地位。但这三个流域的水资源问题突出，径流减少、供需矛盾尖锐、水污染严重、地下水超采、水生态环境退化等问题，对社会经济的发展和生态环境的维持都造成了严重的威胁。特别是在未来水资源条件不断变化、社会经济可持续发展的情况下，如何科学合理地规划利用有限的水资源，成为这一区域不可回避的核心问题之一。

　　水资源是一个典型的人类-自然耦合系统，任何单学科的理论方法都无法描述其内在的复杂性。本书立足于开放、复杂的大系统背景，将宏观经济学、计量经济学、资源经济学、人口社会学等社会科学，以及水资源系统分析、水文学、水环境学、生态学等自然科学进行融合，以流域系统可持续为核心，以动态模拟流域重要人类-自然交互过程为基础，提出面向人类-自然耦合的水资源系统模型的理论框架。以此为基础，建立完整的方法体系，包括面向人类系统的人口增长模拟、投入产出分析，面向自然系统的水量调度、水生态环境评估，以及描述二者交互作用的水工程投资分析、水资源供需模拟，并采用整体模型技术、情景生成与方案评估技术、多目标分析与群决策技术实现了人类和自然两个子系统的动态耦合，从而建立基于新的方法论的流域水资源系统分析理论方法体系。基于这一整体的分析框架和模型方法，本书对黄河流域、海河流域和淮河流域的水资源问题进行了情景分析，重点分析了未来不同水资源条件、不同工程措施、不同管理措施和不同经济社会发展模式条件下，流域的水资源供需情景和工程、非工程对策。

　　本书的案例研究部分是在作者承担的一些研究项目的基础上总结提炼而成，这些研究项目主要包括：黄河流域综合规划修编专题研究、黄河水量统一调度十年效果评价、华北地区的生态水文变化及水资源管理对策、淮河流域生态用水调度、南水北调水资源综合配置技术研究等。在此谨对相关项目的资助方以及在相关课题研究过程给予无私帮助和辛勤劳动的单位和专家表示感谢。

作　者
2015 年 3 月

目　　录

总序
序
前言

第1章　水资源配置模型研究进展 ………………………………………………… 1

 1.1　水资源系统分析的起源与发展 ………………………………………………… 1
  1.1.1　传统水资源系统分析的起源与发展 ………………………………………… 1
  1.1.2　面向人类–自然耦合的水资源系统分析 …………………………………… 2
 1.2　水资源配置模型国内外研究现状 ……………………………………………… 3
  1.2.1　传统的优化模型与模拟模型 ………………………………………………… 3
  1.2.2　组合模型方法与整体模型方法 ……………………………………………… 4
  1.2.3　水资源宏观经济投入产出分析 ……………………………………………… 6
  1.2.4　资源问题的微观经济学方法 ………………………………………………… 7
  1.2.5　水资源配置的时空特性研究 ………………………………………………… 7
  1.2.6　基于主体的建模方法 ………………………………………………………… 8
 1.3　小结 ……………………………………………………………………………… 9

第2章　面向人类–自然耦合的水资源配置整体模型系统 ……………………… 10

 2.1　人类–自然耦合水资源系统模拟理论与方法 ………………………………… 10
  2.1.1　水资源系统的人类–自然耦合特性及其挑战 ……………………………… 10
  2.1.2　面向人类–自然耦合的水资源系统模拟理论与方法体系 ………………… 10
  2.1.3　面向人类–自然耦合的水资源系统多过程模拟关键技术 ………………… 11
 2.2　模型系统功能及构成 …………………………………………………………… 13
  2.2.1　模型功能需求 ………………………………………………………………… 13
  2.2.2　模型系统构成 ………………………………………………………………… 15
 2.3　模型构建 ………………………………………………………………………… 16
  2.3.1　人口模型 ……………………………………………………………………… 16
  2.3.2　宏观经济预测模型 …………………………………………………………… 18
  2.3.3　需水与节水预测模型 ………………………………………………………… 22

2.3.4 水污染负荷排放及调控预测模型 ·· 24
2.3.5 水量平衡分析模型 ··· 25
2.3.6 多目标与群决策模型 ·· 26
2.3.7 水资源整体模型的耦合 ··· 28
2.4 模型机制 ·· 29
2.4.1 模型间关系 ·· 29
2.4.2 整体模型机制 ··· 29

第3章 黄河流域水资源整体模型与情景设置 ·· 32

3.1 黄河流域概况与整体模型设置 ·· 32
3.1.1 黄河流域概况 ··· 32
3.1.2 整体模型中的基本空间单元 ··· 35
3.1.3 模型时间设定 ··· 39
3.1.4 水文系列数据 ··· 39
3.2 模型重要边界设定 ·· 39
3.2.1 国务院分配指标的影响 ··· 39
3.2.2 水量统一调度的影响 ·· 40
3.2.3 黄河水资源承载状况 ·· 40
3.2.4 外流域调水量配置方案 ··· 41
3.2.5 水库调度规则的设定 ·· 42
3.3 参数率定与设定 ·· 43
3.3.1 节水模式与用水定额 ·· 43
3.3.2 治污情景及其表征参数 ··· 48
3.3.3 水投资参数 ·· 48
3.3.4 宏观经济调控参数 ··· 51
3.4 模型的验证 ··· 52
3.4.1 水量平衡关系验证 ··· 53
3.4.2 水资源利用关系验证 ·· 53
3.5 情景方案设置 ·· 54

第4章 黄河水资源调度与配置情景分析 ··· 55

4.1 水量统一调度宏观经济模拟评估 ··· 55
4.1.1 黄河水量统一调度实施背景 ··· 55
4.1.2 研究思路与技术路线 ·· 57
4.1.3 水量统一调度以来国民经济与水资源利用基本情况 ············· 58

	4.1.4	统一调度实施效果的宏观经济分析	66
	4.1.5	水情比较分析	74
4.2	黄河水资源承载能力情景分析		74
	4.2.1	研究思路与方法	75
	4.2.2	情景方案	75
	4.2.3	节水情景分析	77
	4.2.4	治污情景分析	77
	4.2.5	综合情景分析	78
4.3	外流域调水量配置方案宏观效果情景评估		81
	4.3.1	研究思路与方法	81
	4.3.2	情景方案成果	81
	4.3.3	外流域调水对黄河流域经济社会发展影响情景分析	83
	4.3.4	外流域调水对维持黄河健康生命的作用	85
4.4	黄河流域案例研究小结		86

第5章 海河流域水资源配置整体模型与情景设置 89

5.1	海河流域概况与整体模型设置		89
	5.1.1	海河流域概况	89
	5.1.2	海河流域整体模型时空范围设定	92
5.2	海河流域水资源配置情景边界设定		94
	5.2.1	节水力度情景分析	94
	5.2.2	水资源保护力度情景分析	95
	5.2.3	地下水超采情景分析	96
	5.2.4	南水北调工程情景分析	97
	5.2.5	枯水系列情景分析	98
	5.2.6	气候变化系列情景分析	98
5.3	海河流域水资源利用情景组合		99
	5.3.1	方案编码	99
	5.3.2	方案组合	100

第6章 海河流域水资源配置情景分析 102

6.1	方案对比和情景分析		102
	6.1.1	在现状条件下	102
	6.1.2	在可能发生的连续枯水年的条件下	117
	6.1.3	在可能出现的气候变化条件下	120

  6.1.4 气候变化情境下水资源变化的经济影响与风险预留估算 ……… 125

 6.2 海河流域案例研究小结 ……………………………………………… 127

第7章 淮河区水资源配置整体模型与情景设置 …………………………… 128

 7.1 淮河区概况与整体模型设置 ………………………………………… 128

  7.1.1 淮河区概况 …………………………………………………… 128

  7.1.2 淮河区整体模型时空范围设置 ……………………………… 131

 7.2 边界条件 ……………………………………………………………… 133

  7.2.1 人口发展与城市化率 ………………………………………… 133

  7.2.2 经济发展 ……………………………………………………… 134

  7.2.3 灌溉面积 ……………………………………………………… 134

  7.2.4 节水力度 ……………………………………………………… 135

  7.2.5 河道外生态环境 ……………………………………………… 136

  7.2.6 河道内生态环境 ……………………………………………… 136

  7.2.7 当地水资源条件 ……………………………………………… 137

  7.2.8 跨流域调水 …………………………………………………… 138

 7.3 情景设计 ……………………………………………………………… 139

第8章 淮河区水资源配置情景分析 …………………………………………… 140

 8.1 基准情景分析 ………………………………………………………… 140

 8.2 2015推荐情景分析 …………………………………………………… 141

 8.3 2020推荐情景分析 …………………………………………………… 143

 8.4 2030推荐情景分析 …………………………………………………… 144

 8.5 淮河区案例研究小结 ………………………………………………… 149

  8.5.1 淮河区水资源形势总体不容乐观 …………………………… 149

  8.5.2 调水工程对缓解淮河区水资源短期至关重要 ……………… 149

  8.5.3 淮河区的缺水风险依然不容忽视 …………………………… 149

  8.5.4 淮河区的生态环境用水需要保障 …………………………… 150

  8.5.5 积极推进南水北调东中线二期工程 ………………………… 150

第9章 总结与展望 ……………………………………………………………… 151

 9.1 成果总结 ……………………………………………………………… 151

  9.1.1 面向人类-自然耦合的水资源系统分析理论与方法 ……… 151

  9.1.2 水资源配置整体模型 ………………………………………… 151

  9.1.3 重大调水工程的经济影响综合评价技术 …………………… 151

  9.1.4 大流域水量统一调度水资源-环境经济后评估技术 ………………… 152
9.2 未来展望 ………………………………………………………………………… 152
  9.2.1 经济学的理论方法将在水资源系统分析中扮演越来越重要的角色 …… 152
  9.2.2 生态流量将成为水资源系统分析的重要目标之一 ………………… 153
  9.2.3 风险管理问题在水资源系统分析中不可忽视 ……………………… 153
  9.2.4 水联网和智慧水利将带来水资源系统研究的新时代 ……………… 154

参考文献 …………………………………………………………………………………… 155

索引 ……………………………………………………………………………………… 160

第1章　水资源配置模型研究进展

1.1　水资源系统分析的起源与发展

1.1.1　传统水资源系统分析的起源与发展

现代水资源系统分析方法起源于美国二十世纪五六十年代的"哈佛水项目"（Mass et al.，1966）。在此后的几十年中，水资源系统分析逐渐将运筹学、统计学、经济学和生态学等学科的理论方法融入到工程应用中，形成了流域规划、水库调度、水权水市场、水生态、水环境等专门的研究方向。

Loucks 和 Beek（2005）在其著作 *Water Resources System Planning and Management* 中对水资源系统及规划管理做了较为全面的阐述。其中关于水资源系统的分析方法，Loucks 将其归纳为三类：基于宏观规划与控制的自上而下法（top-down approach）、基于微观分析与综合的自下而上法（bottom-up approach）以及综合应用法（Integrated Water Resources Management，IWRM）。优化模型和模拟模型是在这些分析方法中经常使用的建模工具。

自上而下法往往采用集总式优化，有两个基本假定：①有一个从上而下的管理体制，其中的个体都完全听从"决策者"的安排；②系统中各部门各地区的个体信息是足够充分的。在这种宏观调控的制度设计下，集总式优化模型得到的配置结果往往理论上非常理想，但由于基本不可能达到上述的两个假定，使得实际操作中却不现实，经常遇到来自不同部门和用户的挑战和违规行为；除此之外，集总式优化的缺陷还包括"维数灾"问题，由于系统组成及其相互关系都十分复杂，非线性优化的算法一直以来都是分析系统非线性特征的瓶颈，导致水资源系统的优化通常采用简化的线性优化方法，从而削弱了我们理解和定量刻画水资源系统一些基本复杂特性的能力。

自下而上法则是以微观个体的行为特征以及个体对环境的适应机理为基础，认识系统运行规律，制定系统管理策略，这就避免了上述两个不现实的基本假定。由于此方法允许并鼓励各利益相关主体参与到策略制定的过程中，因此自下而上法越来越多地被人们接受并应用。与自上而下法相比，自下而上法的理论思路和现实更为相似、操作的可行性更高，但是由于历史原因，水资源的相关数据基本都是以宏观行政单位为基本单位搜集整理的，从而给自下而上法带来了较大程度的困难。此外，传统的优化算法对于自下而上法显然是不适用的，如何开发新的优化算法、如何合理设置基本假定（如生态系统的效益如何体现、交互规则如何管理等），也是此分析方法的瓶颈问题。

上述两种分析方法各有利弊，Perry 和 Easter（2004）认为存在这么一个矛盾的局面：

一方面，数据情况和传统的优化算法适合于集总式的优化方法，另一方面，现实情况中的决策过程则更趋向于使用自下而上的分析方法。Yang 等（2009）提出，符合现实情况的水资源系统分析方法应该是一种能够综合应用自上而下法和自下而上法的结构。

IWRM 这个概念出现于 20 世纪 80 年代，人口迅速增长，经济迅速发展，由此引发的水资源短缺和水质恶化使得很多国家重新开始审视并且修改原有的水资源管理方法。这个时期内，水资源管理方法的特征由供给导向、工程依赖逐渐转变为需求导向、多方达成。1992 年的《都柏林协议》为 IWRM 提供了目前被广泛接受的涵义：①水是一种有限的、脆弱的、必需的自然资源，对维持生命、支持发展和保护环境具有不可或缺的作用；②水资源的规划和管理应该基于一种多方（用户、规划方和政策制定者等）参与的路线；③女性应在水资源的规划和管理方面起到核心作用；④水资源在其所有用途中均具有经济价值，应当被看做一种具有经济性的商品，是可交易的。

1.1.2 面向人类-自然耦合的水资源系统分析

水资源系统是典型的人类-自然耦合系统，在这样的系统中人类子系统（如人类的日常生活、工农业生产、城市化建设等经济社会发展活动）和自然子系统（如气候、降水、径流、地表地下水交互、生态环境演变等）有着复杂的交互作用，任何单学科的理论和方法都不能完整地描述系统的复杂性，因此必须从人类-自然耦合系统的基本特征出发采用整体论的研究方法进行研究（Lin et al.，2007）。

面向人类-自然耦合特性对传统水资源系统分析理论和规划方法提出了新的挑战。随着环境的不断改变以及人们对水资源系统认识的逐步深入，水资源系统分析理论与技术目前正面临新的发展阶段，这一阶段在认识论、方法论、模型方法和管理策略三个层面都具有与以往截然不同的特征。

从认识论的层面来看，由于包含人类经济社会发展过程、自然水循环和生态过程以及两者交互产生的工程设施以及管理制度子系统，水资源系统被认为是典型的"人类-自然耦合系统"。在我国被广泛使用的相应概念是"自然-人工二元系统"（王浩等，2002）。二元理论可以被看做是本研究的重要理论基础之一，但与之不同的是：二元理论更加注重从水循环或水资源的角度进行分析，提出了自然水循环和人工侧支水循环等重要的基本概念；而基于 CHN 系统（Coupled Human-Nature System）的观点，水资源更应该被看做是人类-自然耦合系统中重要的"约束性"要素之一，但并非其核心的"驱动性"要素，因此需要在经济社会和生态环境协调发展的大背景下，提出水资源系统分析的基本理论框架和规划管理对策。

从研究方法论的角度来看，对于包括水资源系统在内的 CHN 系统的分析和研究，正如 2009 年诺贝尔经济学奖得主 Ostrom 指出的，必须对系统中个体之间、个体与子系统之间及各个子系统之间的交互作用进行描述，建立动态的整体分析模型，进而在 CHN 系统的框架内提出资源环境管理问题的解决途径（Ostrom，2009）。因此，基于学科分解的"还原论"研究方法已经不能满足 CHN 分析的要求，应用"整体论"方法研究这些 CHN

系统已经成为共识。

从模型方法的角度来看，如何将水资源系统分析中涉及的众多子系统进行整体耦合，将成为技术性难题。从社会科学的角度来看，与水资源系统紧密相关的学科包括人口学、微观经济学、宏观经济学、制度经济学、公共管理和城市规划等，从自然科学的角度来看，又包括水文学、水力学、生态学、环境学和水文地质等，两者的交互则涉及系统分析、环境管理等。因此，以水资源问题为线索，有效选择相关领域的模型方法并进行有效的整体耦合，成为技术性难题。

在管理策略方面，水资源系统的管理必须将人类社会自身管理的与水资源的自然特性紧密结合。人类社会的管理是社会科学的核心问题，如何将这些基本准则与水资源的自然特性相结合，将成为管理实践的难题。水资源系统特有自然属性，如空间结构和时间变异性，为水资源管理带来了一些独特的问题，如河网空间结构带来的区域性水资源短缺和工程型水资源短缺、水文不确定性带来的水资源丰枯变化等，这些使得水资源的配置与管理区别于一般意义上的资源环境管理。因此，水资源管理需要从CHN的角度分析和理解系统中人类对变化环境的适应机制，并以此为基础设计可靠的（reliable）、有弹性的（resilient）和抗干扰的（robust）基础设施与管理体系，引导人类个体和社会行为以适应变化的自然环境，从而达到提高水资源管理体制效率和可操作性的目的。

1.2 水资源配置模型国内外研究现状

1.2.1 传统的优化模型与模拟模型

从应用层面来讲，模型是最为重要的理论表现形式，同时也是最直接的应用工具。模型是联系理论和应用的桥梁。水资源配置工作是当前水资源系统分析理论的主要应用领域，因此，本书理论研究主要通过流域（区域）级的水资源配置模型得到应用并体现其价值。优化模型和模拟模型是水资源系统分析的基本工具。

优化模型一般用来回答"应该怎么办（what should be）"这类问题。优化模型运用数学和运筹学中的优化方法，如线性规划、非线性规划和动态规划等，针对优化目标函数和约束条件，可直接给出问题的最优解决方案。优化模型的优点是可以直接给出问题的最优解，进而告诉决策者应该怎么办。但优化模型由于数学求解的限制，一般需要对问题进行简化后才能建模。目前的优化求解技术，对于线性规划模型一般可以找到理论最优解，且成熟的工具较多（如Excel、Matlab等通用数学工具和LINDO、GAMS等专用软件包都可以求解线性规划问题），但对于非线性优化问题，目前还没有比较成熟的求解技术，特别是对于高维度、不连续的非线性问题，一般会出现所谓"维数灾"问题，即不能在有效时间内找到问题的最优解。

优化模型有两种基本类型：一种是水文优化模型，模型的目标是在水文规范的要求下优化配置部门内部的水资源；另外一种是经济优化模型，通过水资源的优化配置，优化部门间的水资源配置，另外其他准则，如公平性和环境质量等也应该在模型中考虑到。这方面具有代表性的研究有：Vedula 和 Mujumdar（1992）和 Vedula 和 Kumar（1996）建立了简化的动态随机规划模型来最小化干旱条件下的粮食减产；Ponnambalam 和 Adams（1996）用多级准优化动态模型来优化多个水库的调度；Babu 等（1996）提出了严格经济优化方法的数学方程；McKinney 和 Cai（1996）和 McKinney 等（1997）建立了水文的政策分析工具并应用于流域尺度的水资源配置决策。

模拟模型一般用来回答"如果这样，将会怎样（what if）"这类问题。模拟模型的基本原理是对实际物理过程进行抽象模拟，构建过程模型，分析不同边界条件下的系统输出。模拟模型根据预先设定的管理水资源配置和基础设施操作的规则（实际上是水文规则）对流域（区域）的水资源利用进行模拟。模拟模型建模相对简单、方便，不用考虑优化算法的约束，因此在实际工作中广泛应用。但模拟模型的缺点是无法直接给出问题的最优解决方案，需求模型使用者根据经验或其他方式来构建不同的情景，通过情景的模拟和分析，来选取一个相对较好的方案。我们经常使用的降雨-产流模型、地表-地下水模型、水质运移模型等，都属于一般意义上的模拟模型。国际上具有代表意义的模拟模型主要包括：

流域径流模拟模型，如 Aquatool 模型。

流域水质模拟模型，如美国环境保护中心（EPA）的 Enhanced stream water quality model（QUAL2E）。

流域水权模拟模型，如 Texas A&M University water rights analysis package（TAMUWRAP）模型模拟了美国西部的立法水权情况下，水文径流、水库操作和盐分转移等。

综合流域模拟模型，如 IRAS（interactive river-aquifer simulation）；TVA（tennessee valley authority's）；TERRA（environment and river resource aid）；Water ware model；SHE（European hydrological system）；Mike SHE（DHI 1995）。

优化方法和模拟方法各有特点，在实际的系统分析中，经常将两者联合使用。一般来讲，可以先用优化方法寻找简化条件下的系统最优设计或者管理方案，然后再用模拟模型对这些备选方案的过程细节进行模拟，校核其合理性和执行效果。

1.2.2　组合模型方法与整体模型方法

在建模方法上，一般可以分为组合模型方法和整体模型方法。流域（区域）水资源配置模型必须能够分析水资源配置决策中的环境和经济后果，包括流域尺度的和地区尺度的。水文过程的范围应该包括从单个水库到多个水库，从单个的水面和地下水系统到联合系统，从土壤剖面到田间作物，这是理解和描述流域尺度的水量守恒的重要前提。同时，对政策前景的描述需要将现实世界中的各种关系整合到一个综合的流域模型（体系）框架中。这就是说，流域（区域）尺度的水文、环境、经济和制度关系可以被整合到一个综合的模型（体系）框架中，这样为产生更好的可持续发展后果而设计的各种边界条件就可以在这个尺度应用和评估。

在已经进行或正在进行的研究中，基本上有两种方法构建这样的综合模型：组合模型方法和整体模型方法。组合模型中的各部分只是松散的连接，即只是通过结果数据的传输实现连接。每个子模型都可以非常复杂，但是各部分之间由于是松散连接而导致整体分析十分困难。在整体研究方法中，所有的部分被紧密地整合到一个单一的模型中，提供了一个整体的分析框架。但是，水文部分经常由于模型解法的复杂性被简化。这种方法需要一种单一的方法，如模拟、动态规划等。组合模型更加容易应用，但是从长期的研究来看，需要一个适当的动态连接，通过内在的交互方法求解经济和水文部分。整体模型的关键问题在于建立各部分的本质连接，从而使得水资源配置的多目标分析能够在主要的物理系统的基础上实现。

当前国际上关于水资源配置模型的研究是一个热点问题，研究的理论和方法非常丰富，包括各种不同形式的优化、模拟以及其他模型等，从综合分析模型来看，应用较广的是组合模型方法和整体模型方法。

（1）组合模型方法

EUREKA-ENVINET INFOSYST 是一个 1992 年由欧洲发起的基于决策支持的综合流域管理系统。这个系统希望从方法论上将所有的可利用的淡水作为水工业来对待（Fedra et al.，1993），系统包括 GIS、数据管理系统、模型、优化技术和专家系统。

Lee 和 Howitt（1996）建立了科罗拉多河流域的水盐平衡模型，用于优化流域制定区域的农业和市政工业用水的最大净回报。Tejada-Guibert 等（1995）建立了一个重点考虑在不确定的径流和需求面前最大化水力发电的优化模型，并应用于美国加利福尼亚的 the Shasta-Trinity system。Faisal 等（1997）把综合的水资源系统模拟优化模型应用到地下水流域。

另外，Noel 和 Howitt（1982）发表了一个整合了经济模型和复杂的水文模型的研究成果，建立了一个一体化的二次经济福利方程和多流域联结模型，包括一些辅助的经济和水文模型。Lefkoff 和 Gorelick（1990a）用一个与 Noel 和 Howitt（1982）不同的数学形式传递经济模型和水文模型之间的信息。Lefkoff 和 Gorelick（1990b）扩展了一个水交易市场模拟农场间的年度水交易。Lee 和 Howitt（1996）用非线性区域生产模型和水文模型，分析科罗拉多河流域的农业灌溉的经济表现。

国际上关于组合模型的方法应用十分广泛，其他研究不再赘述。

（2）整体模型方法

随着人们对水资源配置问题认识的深入，以及计算能力和计算方法的进步，水资源配置的整体模型技术得到了广泛的研究和应用。

Harding 等（1995）用科罗拉多河网络模型（CRM）研究流域的一个严重干旱的水文影响。Booker（1995）扩展了 Booker 和 Young（1994）的模型，建立了一个整体的水文-经济-制度优化模型 CRIM——科罗拉多河流域制度模型。

Henderson 和 Lord（1995）建立了博弈模型，用于模拟内在的集体行为过程。Faisal 等（1997）研究了地下水流域的管理问题，组合了经济目标和地下水含水层对用户的离散性的反应，包括非线性的二次方作物生产函数，用非线性优化的变化梯度方法求解。

Cai 等（2002）提出了一个流域水文-农业-经济整体模型，用于分析流域的长期和短期的用水效率，并且在非线性解法问题上提出了新的方法，模型应用于 Syr Darya 流域，对该流域的可持续发展情景进行了分析。Zhao 等（2004）提出了基于复杂系统的水资源整体模型方法，并在中国的黄河流域进行了案例研究，分析了南水北调工程对流域水资源配置的影响。

1.2.3　水资源宏观经济投入产出分析

经济学方法是研究水资源配置的基本方法之一，将宏观经济学的经典理论应用于水资源配置研究，是目前的一个重要研究方向。这方面中国学者的研究成果较为丰富。

陈锡康和陈敏洁（1987）通过建立水资源投入产出模型研究水价计算，以期解决干旱和半干旱地区的水资源供需矛盾问题。提出了根据平均生产条件、根据劣等生产条件和影子价格三种情况下的水价计算方法。

翁文斌和王浩（1995）从系统论的观点和方法，将区域水资源规划纳入宏观经济-环境系统，建立宏观经济水资源规划多目标分析模型，其中经济部门的国民经济结构用投入产出方程表征刻画。模型采用交互切比雪夫（Tchebycheff）解法，能够进行目标间的影响和协调分析、决策偏好影响分析和策略分析，为决策者提供参考依据。

张郁和邓伟（2006）基于投入产出模型评价了吉林省水资源经济效益，建议吉林省需要提升第一产业用水效率，推进第一产业节水，以便将水用于优势工业和第三产业的发展；同时还须提高供水能力和污水处理能力，普及循环经济理念和清洁生产工艺。

姚水萍（2006）在其硕士论文中将投入产出模型揉入富阳市水资源优化配置之中，对富阳市 26 个乡镇做了可持续发展的用水规划，并进行了评价。

田贵良（2009）以投入产出模型对缺水较严重的宁夏地区进行实证研究，认为分析产业用水时应正确区分产业用水性质而非简单使用直接用水系数。各产业部门对农业的完全消耗系数很大程度上决定了产业间接用水系数。

严婷婷和贾绍凤（2009）将目前水资源投入产出模型总结为水资源利用、水污染分析和水资源投入占用三类，将其应用领域归纳为部门用水特性及关联分析、水资源配置分析、水价分析以及虚拟水贸易等方面。并建议编制投入产出表时，最好将水资源部门从其他经济部门独立出来，且须采用合适的技术系数矩阵修正方法。

郭家祯（2010）在其硕士论文中构建了基于动态投入产出模型的水资源利用多目标决策系统，并指出优化调整产业结构、用水结构和排污结构能提高水资源利用效率以及可持续利用水平。

魏胜文等（2011）基于投入产出模型乘数分析，通过直接用水系数和完全用水系数评价了位于干旱区的张掖市的水资源效益，建议通过调整产业结构和发展高效节水来降低农业特别是种植业的比重。

1.2.4 资源问题的微观经济学方法

在经典微观经济学中，许多经济学家主张采用市场思路来解决资源配置问题，如位于华盛顿的美国环保协会正进行类似通过市场激励来解决气候变化和水资源短缺这类问题的研究。1990 年，美国环保协会推动了《清洁空气法修正案》，对酸雨实行了一种可交易的许可制度，根据这项法律，有能力更低成本、更有效降低排污量的企业可以把他们的排污许可量卖给污染重的企业，今天，这项计划已经超过了把酸雨量减少到 1980 年一半水平的目标，由此证明了市场思路有助于实现资源环境问题。而且，资源经济学也成了 20 世纪的一门新兴学科，作为经济学的一门子学科，它的学科体系或许还不够完善，但经济学的理论基础是可以应用到对资源问题的分析中的，这一点毋庸置疑。

由于水资源具备了"竞争性"的特点，却不具备"排他性"的特征，所以它通常被定义为公共资源（Mankiw，2006），而水资源作为一种特殊的资源，其配置与其他公共资源的配置存在着不同。尽管市场思路已经在其他很多资源配置问题上得到广泛的应用，但在水资源配置问题中却往往不能有效地运作。已经有大量研究致力于用经典经济学理论来解释以上悖论，这些研究所关注的重点包括以下两方面：①交易成本；②水市场的结构体系和运作。Rosegrant 和 Binswanger（1994）认为，在水资源配置中运用市场机制最大的劣势在于，其带来的社会收益和所需要的交易成本相比是亏损的，成本包括：①建造大型调水工程设施的费用；②建立体系框架来确保贸易双方确数转让以及消除贸易给第三方带来的外部性所需的费用。Kanazawa（2003）将水市场的这些问题归结为这样一个事实：水权系统的出现是为了解决当时社会的问题，那时候人们的意识中还不存在"市场"这个概念。Matthews（2004）的观点与此是一致的，他指出，水市场往往不能有效率的运作是因为水资源的权属结构不是针对市场交易而设计的，还特别指出了水文不确定性所带来的影响也没有被考虑在内。

仔细归纳上述学者的观点，无论是交易成本、市场运作还是水文不确定性，这些因素本质上都是由水资源在时空分布上的特殊性决定的。水资源系统具有上下游关系、干支流关系和水文时间变异性，这些独特的时空分布特征是其他资源分配系统所没有的。对这些特征的数学机制、物理机制和经济涵义进行探索和研究，有助于增加我们对水资源系统的认知和理解，从而为更合理的策略制定提供科学依据。

1.2.5 水资源配置的时空特性研究

水资源系统一般可以分为静水系统和动水系统，前者包括大型湖泊以及能够为所有用水户提供同等获取性的含水层，后者包括河流等具有复杂空间结构的水域（Eheart and Lyon，1983）。从物理意义上来讲，由于静水系统中的水体是被所有用水户共同拥有的，因此系统内不同的用水户之间都可以进行水的转移；而在动水系统中，水只能从上游转移到下游，以及只能从支流转移到干流，反之则不能，这是由河流的河网结构和单向流通性决定的。这个独特的空间特性给水资源配置带来的影响是显而易见的，举个例子，如果某用水效益很高的用户所在的支流发生了干旱，那么应该从干流或其他支流转移些水过来，以期给交易双方和系统整体都带来利润的增加。但是受空间特性约束，这些调水就实现不了。河网结构和单向流通性限制了用户们的取水能力，从而降低系统的整体效益。从经济学的观点出发，我们认为，上游至下游以及支流到干流的水量交易其成本非常微小，而下游至上游或者干流到支流之间的水量交易成本是非常巨大的（即不可行）。这种空间异质性带来了用户和系统的效益损失，因此，在建造成本低于潜在收益的前提下，应当增加一些跨空间尺度调水的工程设施。

在时间分布上，水资源系统的研究主要有两类重要的问题：时间变异性和水文预报不确定性。第一个重要问题是时间变异性，在不同的年份和季节，降水量及其他气候因子是不同的，导致水量随着时间变化而变化，所以不同时期的许可用水总量应该是变化着的，这就产生了跨时间尺度调水的需求。实际生活中，由水库、含水层及湖泊承担此任务。水库调度规则的研究是水文水资源领域的热点，其中 Draper 和 Lund（2004）给出了一种名为"风险对冲"的调度规则，这个概念最早出现在1946年，由 Masse 借鉴经济学领域的知识提出并运用到水库调度中，概念的本质是为减少将来的风险而在现阶段储水。Draper 和 Lund（2004）给出了"风险对冲"的一般性表述：储水的边际效益和放水的边际效益在最优策略下必定相等。第二个重要问题是水文预报的不确定性，其反映到实际应用中，核心在于如何建立相应的风险管理机制。面对由不确定性带来的风险问题时，通常有两种风险分摊机制（Eheart and Lyon，1983）。第一种称为平等分摊机制，即各主体根据许可水量占全部水量的比例来分担风险；第二种称为顺序分摊机制，即优先级较高的主体承担的风险较小，优先级较低的主体承担的风险较大。

水资源配置时空特性的研究，是水资源系统分析的一个基本理论问题，也是水权水市场体制下水资源管理的重要学科基础。

1.2.6 基于主体的建模方法

传统的水资源配置模型一般假定水资源系统的决策时集总式的，如流域的水量如何分配、是否需要建设一个水库或者外流域调水工程等。但水资源系统中的很多决策，如用户的用水决策，是分散式的而不是集总式的，这种条件下，基于主体的建模方法（agent based modeling，ABM）就成为重要的研究工具。

基于主体的建模（ABM）最初是从计算机科学中与分布式人工智能等相关的概念中提出来的，多主体系统是由独立的主体、变化的环境和交互规则共同构成的，系统整体的运行规律是一种微观行为的宏观涌现。这里的主体具有独立性，即它们独立自主的控制自己的行为；它们拥有不同的甚至相悖的目标；它们在统一的环境下，并通过自己的行为去交互影响其他主体，最终影响整个系统的运行。

ABM 作为一种分析工具，以系统中的微观个体分析为基础，研究系统的中观模式和宏观规律，已经在经济学、生态学、土地资源利用、水资源配置等领域得以应用。如

Yang（2010）将多主体模型运用到黄河流域，对黄河流域的联合调水方案（UWFR）进行评估，并试着探索水市场机制在黄河流域的可行性。Yang 等（2009）以虚拟的流域为例，把河道内外不同用水需求的对象视作主体，以多主体模型的形式分析了主体的自私程度对系统效率的影响。蔡琳等以家庭、企业、政府、开发商为主体，试图从人相互作用的关系来理解城市扩展现象的机理。Gimblett（2001）通过模拟主体的视野和行为提出重新设计自然公园使竞争性使用者（山地车、徒步车、吉普车等）各行其道，互不影响。Lansing（2009）用多主体模型在巴厘岛上协调水源管理；Doran 等（1997）提出了流域生态系统管理中多主体模型的应用；Barreteau（1998）将多主体模型应用到灌溉系统中；Berger 和 Ringler（2002）将农户视作主体，其用水行为、土地租金、农业种植均由独立的主体自己决定，建立了一个多主体模型来分析技术革新及租金行情对农户收入和系统整体效率的影响；Schlüter 和 Pahl-Wostl（2007）、Schlüter 等（2009）探讨了集总式体制和分布式体制下，公地资源被利用的形式以及降水来流的不确定性对单独主体和整个系统行为的影响。

分布式优化算法是能够解决 ABM 问题的最主要的方法之一（Durfee，1976），而基于罚函数的分布式优化是其中常见的方法。国外一些学者在基于罚函数的分布式优化算法的开发应用方面做了很多尝试：Sylla（1994）首次将此算法应用到水库调度中，用来解决多水库联合调度中成本最低或者效益最大的目标，他建立的数学模型中既有线性条件又有非线性条件；Keshari 等（2015）在地下水污染研究中采用了基于罚函数的分布式优化。

1.3 小 结

对前人研究成果的总结表明，水资源是一个典型的人类-自然耦合系统，任何单学科的理论方法都无法描述其内在的复杂性。本书将立足于开放、复杂的大系统背景，将宏观经济学、计量经济学、资源经济学、人口社会学等社会科学，以及水资源系统分析、水文学、水环境学、生态学等自然科学进行融合，以流域系统可持续为核心，以动态模拟流域重要人类-自然交互过程为基础，提出的面向人类-自然耦合的水资源系统模型的理论框架。以此为基础，建立完整的方法体系，包括面向人类系统的人口增长模拟、投入产出分析，面向自然系统的水量调度、水生态环境评估，以及描述两者交互作用的水工程投资分析、水资源供需模拟，并采用整体模型技术、情景生成与方案评估技术、多目标分析与群决策技术实现了人类和自然两个子系统的动态耦合，从而建立基于新的方法论的流域水资源系统分析理论方法体系。

第 2 章　面向人类–自然耦合的水资源配置整体模型系统

本章首先探讨人类–自然耦合水资源系统模拟理论与方法，进而提出了一套研究水资源与环境经济协调发展模型体系，在此基础上集成水资源与环境经济协调发展整体模型。

2.1　人类–自然耦合水资源系统模拟理论与方法

2.1.1　水资源系统的人类–自然耦合特性及其挑战

Liu 等（2007）在 *Science* 撰文指出，包括水资源系统在内的很多系统，都是人类–自然耦合系统（coupled human-nature system, CHN）。CHN 系统是指那些人类和自然交互作用的整体系统，这些系统中复杂的模式（patterns）和过程（processes）是单学科研究无法发现和描述的，因此将社会科学和自然科学紧密融合，成为研究 CHN 系统的哲学和方法论基础。在研究的理论方法上，面向 CHN 系统的跨学科研究需要具备以下几个基本特征：

1）直接、动态地描述人类与自然的复杂交互和反馈过程，即不仅要对人类子系统和自然子系统采用变量进行描述，而且要将两个子系统的联系通过变量动态耦合。

2）跨学科研究方法的融合，即将社会科学与自然科学理论方法通过共同的问题进行融合。

3）多种技术手段的整合应用，即将自然科学常用的技术手段（如实验、监测、数值模拟、3S 技术等）与社会科学常用的研究手段（如样本调查、统计分析、数据挖掘等）紧密结合。

4）涵盖足够的时间和空间尺度，以研究 CHN 系统的长期–短期、整体–局部特性上的差异。只有具备了以上特性，CHN 系统中存在的复杂的、动态的模式和过程才能够逐步被认识和理解，并为这类系统的建设和管理提供科学依据。

2.1.2　面向人类–自然耦合的水资源系统模拟理论与方法体系

面向人类–自然耦合的水资源系统模拟理论与方法是一个庞大复杂的研究领域，空间上涉及从用水户尺度到流域管理尺度的多层次主体，时间上涉及从降水与洪水过程到气候与下垫面演变的多尺度过程。

本书并不奢望一举解决所有的问题，而是希望从新的方法论出发，面向流域层面、中长期的水资源规划与系统分析，尝试提出并应用新的理论方法体系进行研究，为流域管理中的一些重大问题，如水量统一调度效果评估、重大调水工程效果评价，以及流域中长期水资源供需分析等，提供技术支撑和决策依据。以此为目标，本书提出的相关理论方法体系示意图如图 2-1 所示。

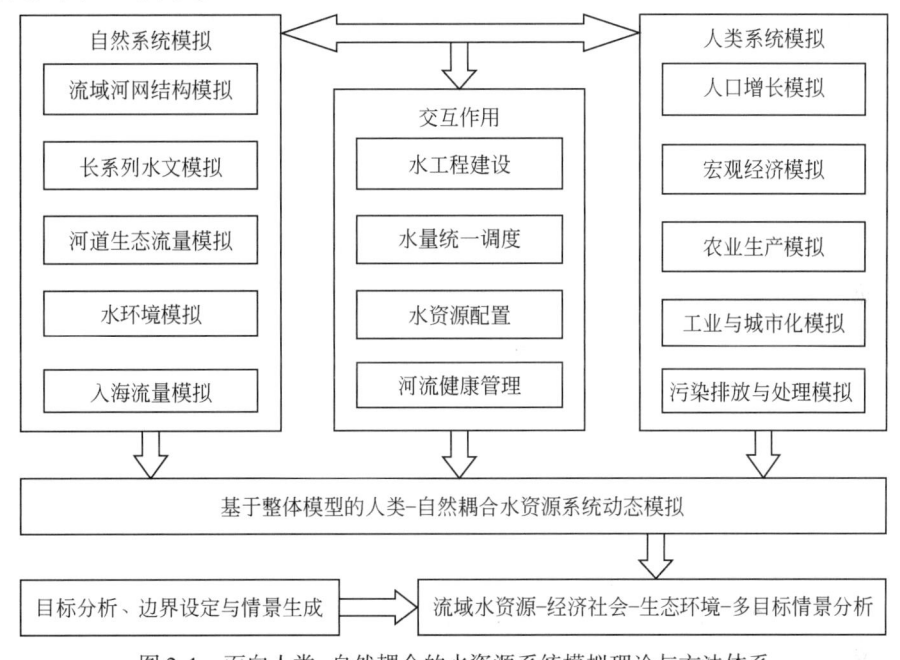

图 2-1　面向人类-自然耦合的水资源系统模拟理论与方法体系

根据上述面向人类-自然耦合的水资源系统模拟理论与方法，本书建立了完整的模型系统及其运行平台，应用于黄河水量统一调度综合效果评估、南水北调西线工程效果评估以及黄河流域综合规划修编中的水资源中长期供需平衡分析与配置，初步检验了理论与模型的可靠性和有效性，在经济社会发展和生态环境可持续的大背景下，基于水资源系统自然特性，评估了重大管理措施和工程措施的事实效果，提出了相关的调度、配置和管理策略。

由于问题的复杂性，本书提出的面向人类-自然耦合的水资源系统模拟理论与方法，是基于新认识的新尝试，在理论方法方面还有很多有待进一步探索和完善之处，但其对水资源系统特性的新认识和多学科融合的特性，是水资源的稀缺性日益增加和自然环境不断变化条件下水资源系统研究的基本要求和必然方向，可以为规划管理实践提供新的思路和方向。

2.1.3　面向人类-自然耦合的水资源系统多过程模拟关键技术

在理论方法上，面向人类-自然耦合的水资源系统分析要求对流域系统进行跨学科、多过程耦合模拟。对于本次研究重点关注的黄河流域水资源中长期规划与管理战略问题，涉及图2.1中提到的14个重要过程及其整体耦合，其中一些过程的模拟技术已经相当成熟，如长系列水文模拟、人口增长等，但另外一些过程的模拟以及多过程的整合则需要在模型方法上进行完善和发展，其中包括以下关键技术。

（1）流域水资源-环境经济投入产出分析技术

自20世纪50年代Wassily Leontief提出投入产出分析技术以来，由于其在投入与产出核算、产业间联动机制分析等方面的独特优势，已被广泛地应用于宏观经济研究、资源环境等众多领域。采用投入产出分析，可深刻明晰各产业间的联系与相互作用机制、资源利用效率与效应等，对辅助产业发展规划制定、水资源合理配置等宏观问题具有重要参考价值。

本书对纯经济投入产出分析技术进行了拓展，将国民经济各产业的水资源利用量与消耗量、国民经济各产业污废水排放量及污染物质产生量纳入投入产出表核算体系，构建了水资源-环境经济投入产出表，提出了水资源投入产出模型及水质投入产出模型，并结合黄河流域进行了应用研究。通过2000~2005年在黄河流域的4个课题的连续研究，先后构建了2000年、2005年黄河流域投入产出表，2000年、2005年黄河流域水资源投入产出模型，2005年黄河流域水质投入产出模型。流域投入产出表、流域水资源投入产出模型、流域水质投入产出模型等是本研究基础性研究成果，在此基础上拓展分析黄河水资源与国民经济协调发展诸多问题。

（2）水量与水质联合调配技术

与黄河流域水资源量紧缺性相对应的是流域水环境承载能力的有限性。本书研究中，在考虑黄河流域水资源总量紧缺的同时，充分考虑流域水体纳污能力有限的特点，将宏观经济水资源需求总量控制及污染物入河总量控制作为强制性约束，在基本用水单元水量确保其供用耗排平衡，在流域系统的整体模拟中，从下游至上游进行入河污染物的逐级控制计算，从而保证未来各水平年流域入河污染物始终在流域水体纳污能力之内，实现对各用水单元水污染控制工程（如污水处理规模）的配置，同时也使水污染治理成本与宏观经济扩大再生产过程紧密联结起来。

（3）多目标、群决策技术

水资源与环境经济协调发展涉及经济、社会、生态、环境等多个目标之间的协调和权衡。同时，水资源量在社会经济、生态环境等系统的配置以及各区域、各行业的分配，涉及不同群体的利益，因而，必须要进行合理科学的决策。本书要回答的问题是典型的多目标分析问题。多目标群决策模型以各目标协调、综合满意度（或效用值）最大为目标，充分考虑不同部门对部门目标的偏好，应用满意度函数，将人口模型、宏观经济模型、需水模型、水污染负荷排放及调控、水资源供需分析、水资源配置模型等有机整合起来，采用切比雪夫算法的交互式多目标决策方法，优选最适宜的发展模式确保黄河流域水资源-环境经济协调发展。

（4）整体模型建模与求解技术

模型的整体耦合及其求解技术是面向人类-自然耦合的水资源系统多过程模拟模型系

统的核心和关键，是人类系统和自然系统动态耦合的基础。水资源是联结经济社会发展与生态环境健康的纽带，有限的水资源量在社会经济与生态环境间、社会经济各产业间等诸多方面存在着竞争关系；水资源的开发利用、水环境的综合治理、生态环境保护与建设等方面均需要大量投资，从而和国民经济发展投资产生了竞争关系；水资源作为重要的生产要素，其空间配置对不同地区、不同产业、不同用水户的生存和发展有着决定性影响，水量的配置即是利益的分配。由此可以看出，水资源在各系统、各部门、各行业、各区域间呈现紧密的"此长彼消"的制约和关联特征，因此必须从整体角度，以水资源为基本约束，考虑社会经济各行业间的关联-约束机制，对流域水资源进行优化配置，实现综合目标效益最大化。

将社会经济、水资源和生态系统整合成一个系统中进行研究，有两种思路（或方法），即组合模型方法和整体模型方法。组合模型中的各部分只是松散的连接，即只是通过结果数据的传输实现连接，每个子模型都可以非常复杂，但是各部分之间由于是松散的连接而导致整体分析十分困难。水资源-社会经济-生态环境巨系统过于庞大且十分复杂，动态耦合定量研究各系统之间的协调发展关系，需要将所有模型（模块）紧密地整合到一个统一的大模型中来，进行整体分析。整体模型的关键问题在于建立各部分的本质连接，而这些本质连接很多时候并非一种简单的线性关系，而是非线性的，因此在项目研究中，需大量应用非线性技术解决这些本质连接的模型化，实现经济社会系统、水资源系统及生态环境系统的整体分析。

(5) 流域水资源系统整体模拟与评估技术

流域系统是指包括流域范围内的水资源及其开发利用系统、社会经济系统、生态环境系统等在内的人类-自然耦合系统。流域系统水资源模拟主要是以水资源量和质为核心，进行社会经济、生态环境及水资源系统的整体模拟。本书重点对流域水量统一管理与调度、跨流域调水工程实施效果等重大问题，进行水资源及其利用、社会经济、生态环境、重要控制性断面及入海水量进行多过程整体模拟。在此基础上，通过"with-without"多情景对比分析技术，实现了对流域的重大管理措施和工程措施实施效果的评估。该技术方法具有创新性，可为同类流域或区域的重大水资源管理与工程措施的后评估提供实用工具。

2.2 模型系统功能及构成

2.2.1 模型功能需求

一个地区的宏观经济包括社会总产品、国民收入、积累和消费等内容，也包括与经济活动密切联系的人口、资源和环境等问题。在这个系统中，一方面，水作为一种资源存在，其质的合格程度和量的有限性对国民经济各部门的发展、城乡人民生活水平的改善以及环境保护构成一种约束；另一方面，可利用的水资源兼有自然和社会经济两种特性，不可能独立于宏观经济活动之外，其质和量均受到宏观经济活动的影响。例如，经济发展可能加剧水环境污染，但经济发展带来更多的水处理工程投资，从而改善水质。水资源-经济-环境构成一个动态的整体。因此，本书模型研究满足的功能包括：预测功能（包括人口及城市化预测、宏观经济发展趋势预测、需水预测功能、水质变化预测功能）、模拟功能（包括国民经济发展过程模拟、需水变化过程、用（耗）水变化过程、水资源供需平衡过程和水质变化过程）、优化协调功能（国民经济结构及发展速度优化协调、产业结构优化功能、多目标间的协调功能）和决策分析功能（灵敏度分析功能和策略选择分析功能）等。主要包括以下功能：

1) 人口分析及预测功能。包括总人口预测、城市人口预测和劳动力预测。该功能通过人口预测模型（模块）实现。

2) 水资源利用宏观经济效果分析功能。主要采用投入产出分析技术，对国民经济各产业用水效率与效果进行宏观评估，对水资源利用的宏观经济产出效果进行分析评估。该项分析功能可为节水型产业结构发展方向提供辅助决策，也为水资源利用特别是供水工程论证提供宏观经济效果的比选数据。

3) 宏观经济发展预测功能。目前，水资源规划和供水工程规划等领域进行的宏观经济发展指标大多采用规划指标法，根据相关部门规划指标数据和基于统计数据确定增长速度等确定经济社会发展指标。由于宏观经济是一个高度复杂的巨系统，科学准确的宏观经济预测需要在充分反映宏观经济系统投入产出以及内部产业间联系的基础上，结合区域产业发展规划，对未来投入产出关系尤其是关键产业部门的投入产出系数进行修正和预测。宏观经济发展预测不仅要合理预测出未来发展水平年的经济总量，还要预测出社会总产品与中间产品、最终产品之间的数量联系；既要反映出宏观经济投入产出直接消耗系数的变化，又要预测到最终需求结构的各参数（消费率和投资率、进出口参数变化等），还要得到不同时期反映宏观经济动态预测的一些参数，如固定资产存量和固定资产产出系数等。因此，宏观经济预测不仅需要传统意义上的经济总量结果，也需要获得能够对不同经济总量预测情景下开展未来经济社会发展深度分析的关键参数，以利于对预测成果进行合理性分析。同时，合理的宏观经济发展预测也是科学预测需水的前提。

4) 需水预测及其分析功能。在水资源-社会经济-生态环境系统整体范畴中，水的需求是多方面的。科学预测各用水户的合理需水量是未来水资源与社会经济是否能实现协调发展的关键工作。经济社会系统用水户包括：城乡居民生活、非农业产业、农业各部门、生态环境等。宏观层面研究经济社会需水量，通常采用指标与定额预测方法。指标预测和定额预测方法及所确定的数值合理性，关系到需水预测成果合理性，进而影响到各系统协调发展关系的合理性与可行性。为此，本书将提出基于宏观经济模型和节水需水预测模型的预测方法。经济社会发展指标由宏观经济预测模型实现，节水需水预测方法则通过节水模式、节水投入等拟定各用水户的用水定额。定额分析与节水型社会建设的定额管理措施直接关联。受诸多因素的综合影响，因此在需水预测中通常采用情景法，即根据不同的节水模式，选用不同的用水定额，得到不同经济发展和用水模式组合下的需水情景。因此，需水预测模型还包括定额分析功能。

5）水质预测及分析功能。水质预测主要是社会经济系统废污水及污染物排放预测分析，因此水质预测不仅与社会经济系统总用水量有关，还与废污水排放率/系数、废污水污染物浓度、废污水处理能力和入河量等密切相关。由于废污水排放系数、废污水排放浓度能根据经验或相关标准确定，因此水质预测结果与废污水处理力度和入河系数紧密相关。提高废污水处理力度、降低污染物入河系数需要相当多的水处理投资，不同的水污染治理力度需要的投资不同，水处理投资与宏观经济最终需求紧密联系起来。因此，在水质预测需要实现不同治污模式下的水质预测和分析功能。

6）水量供需分析功能。经济社会发展与水资源条件相协调，要求经济社会系统用水量必须维持在流域社会经济系统可利用的水量之内，因此模型研究需体现水资源供需分析功能，并主要通过供水约束方程实现水资源系统与经济社会-生态环境系统的整体评估。在流域尺度上，水量平衡是水资源与经济社会协调发展的基本要求，在流域二级区上则应使缺水程度最低，并在流域层面达到整体缺水程度最低。

7）多目标及整体协调分析功能。由上述分析可见，整体协调发展研究，涉及社会、宏观经济、水质、生态与环境、水资源承载力等多个目标，必须在流域及各二级区范围内协调社会、经济、水环境、生态等多个目标在水资源利用方面相互竞争的矛盾。整体模型应用者（各级决策者或相关水规划人员）通过多目标的分析，把握不同水资源开发利用模式下各目标的实现状况，并对不同模式下的各种方案进行敏感性分析，通过敏感性分析找寻影响整体协调的关键因素，确定调控水资源、经济社会、生态系统整体协调的核心策略。

8）水资源调度管理模拟分析功能。从流域经济发展和水资源利用关系的角度，定量模拟分析了水资源统一调度管理对流域环境经济的全方位影响，包括对经济发展总量的影响、对各产业的影响、对粮食生产的影响、对水力发电的影响、对流域外调水量的影响、对整个流域用水效率和耗水量的影响、对水环境的影响、对河道内生态环境用水量影响等。

2.2.2 模型系统构成

本书构建的流域水资源整体模型系统见表2-1。

表2-1 流域水资源整体模型系统简介

模型（模块）名称	主要功能	备注
人口预测模型	进行总人口及其城乡发展预测	独立运行，或嵌入整体模型
水资源利用效果评估模型	根据历史和现状用水、经济统计数据，测算用水效率与效益	独立运行
宏观经济模型	结合投入产出分析、扩大再生产理论、农业生产函数等进行经济、灌溉面积、粮食产量等发展预测	独立运行，或嵌入整体模型

续表

模型（模块）名称	主要功能	备注
需水与节水预测模型	结合宏观经济模型，进行需水量和节水量、节水投资需求预测	独立运行，或嵌入整体模型
水污染负荷排放及调控预测模型	结合宏观经济模型，污染物质排放量、削减量及污染处理投资预测	独立运行，或嵌入整体模型
水资源供需分析模型	对各分区、各节点水资源供需进行模拟调节计算	独立运行，或嵌入整体模型
多目标与群决策模型	多目标协调与求解、多决策者协商等	嵌入整体模型
水资源与环境经济协调发展整体模型	水资源系统、经济系统、农业系统、环境系统及生态系统的整体优化与模拟	联合其他模型，构建整体模型并运行计算

2.3 模型构建

2.3.1 人口模型

人口预测是根据人口的现状（包括当时的人口数量、性别和年龄结构、地区分布状况，以及人口过程中的出生、死亡、迁移等因素的强度等），考虑社会经济、资源环境等条件对人口再生产和转变的影响，对预测期人口相关参数（未来人口过程的出生、死亡、年龄结构、迁移等因素）进行相应的分析和假定，运用预测模型来测算未来某个时期人口的发展状况。目前人口预测模型方法主要有数学方法、队列预测法、多区域矩阵法、社会经济模型法以及一些其他的方法。本书人口预测采用数学方法和队列预测法分别进行预测对照后确定。其中，数学方法采用 Logistic 曲线模型和冈巴兹曲线模型，队列预测法采用队列要素预测法和同批人变化率法。

（1）Logistic 曲线模型

若区域人口增长满足以下条件，即可采用 Logistic 曲线法进行拟合并预测：①人口总数单调递增，但有上限值；②随着人口总数的增长，人口增长率先增后减；③曲线形状为被横向拉伸的 S 形。

Logistic 曲线的基本公式为

$$Y = \frac{K}{1 + Ae^{-Bx}} \quad (2-1)$$

式中，Y 为区域人口数；x 为时间序号，如 1973 年 = 0，1974 年 = 1，…，2005 年 = 32；K、A、B 为未知系数，其中 K 为人口增长的上限值。

为简化计算，将式（2-1）变换为如下形式：

$$y = k + ab^x，\text{其中}，y = \frac{1}{Y}，k = \frac{1}{K}，a = \frac{A}{K}，b = e^{-B} \quad (2-2)$$

模型包含了 3 个未知数 k、a、b，所以样本数必须为 3 的倍数。曲线拟合时，首先将样本等距分为 3 组，并分别对 y 求和，记为 $\sum_1 y$、$\sum_2 y$、$\sum_3 y$，然后按下式求解未知数 k、a、b。

$$b = \sqrt[n]{\frac{\sum_3 y - \sum_2 y}{\sum_2 y - \sum_1 y}}$$

$$a = \left(\sum_2 y - \sum_1 y\right) \frac{b-1}{(b^n-1)^2} \tag{2-3}$$

$$k = \frac{1}{n}\sum_1 y - \left(\frac{b^n-1}{b-1}\right) a \frac{1}{n}$$

求出 k、a、b 以后，将预测年份的 x 值代入模型即可求得 $1/Y$ 的数值，其倒数即为该年区域人口的预测值。

（2）冈巴兹曲线模型

冈巴兹曲线的形状类似于 Logistic 曲线，基本公式为

$$Y = K A^{B^x} \tag{2-4}$$

式中，Y 为区域人口数；x 为时间序号；K、A、B 为未知系数。

将式（2-4）变换为如下形式：

$$y = k + a B^x，其中，y = \log Y，k = \log K，a = \log A \tag{2-5}$$

曲线拟合时，对于样本的要求及求解未知系数的方法类似，采用公式略有不同，具体如下：

$$B = \sqrt[n]{\frac{\sum_3 y - \sum_2 y}{\sum_2 y - \sum_1 y}}$$

$$a = \left(\sum_2 y - \sum_1 y\right) \frac{B-1}{(B^n-1)^2} \tag{2-6}$$

$$k = \frac{\sum_1 y \sum_3 y - (\sum_2 y)^2}{n(\sum_1 y + \sum_3 y - 2\sum_2 y)}$$

式中，各字符含义同式（2-1）和式（2-2）。

（3）队列要素法

数学方法一般只能预测区域人口的总数，无法预测区域分性别、年龄的人口，存在一定的局限性。队列预测法则根据人口自身的变动要素进行分要素预测，在资料充足的情况下，是一种较为推崇的人口预测方法。

影响某一区域人口发展的要素有出生、死亡、迁移，且不同年龄段这些要素有所不同，利用队列要素法进行人口预测的基本原理就是根据不同年龄段上述各要素的发展趋势，计算预测期各年龄段的出生率、存活率、迁移率，得出预测期各年龄段的出生数、存活数、迁移数，再与基准年相应年龄段的人口数相加减，即得未来水平年下某一年龄段的人口数。因此，采用队列要素预测法进行人口预测的关键在于：分性别分年龄段的出生

率、存活率、迁移率的预测。

（4）同批人变化率法

同批人变化率法的基本原理与队列要素法一致，不同的是同批人变化率法不对分性别、分年龄段的存活率和净迁移率分别计算，而是把它们综合为同批人变化率，即综合考虑死亡与迁移两项人口变动要素的变化率。此方法需要的资料比队列要素法少，但是无法分别展现死亡及迁移等相关要素。

（5）城镇人口预测方法

人口城市化预测通常采用趋势预测法或规划指标法，本书研究结合前述的 Logistic 曲线方法进行预测。Logistic 曲线法的基本依据是，通常城市人口的增长相对农村人口要快一些。但是随着城市化水平的提高，并趋向 100% 时，其速度将会减缓，即整个城市化水平的增长曲线大致表现为横卧的"S"形的 Logistic 曲线。联合国由此开发了根据 Logistic 曲线的增长率差法，并假定城乡人口增长率之差可能随时间发生变化的情况下，可使用这种方法来进行人口城市化预测。

2.3.2 宏观经济预测模型

宏观经济预测模型建模所采用的基本技术为投入产出分析技术，扩大再生产理论，积累、消费及贸易关系分析等。

宏观经济预测模型主要是描述经济总量（如国民生产总值、国民收入等）之间的关系，研究整个国家或地区的大范围经济系统，并对研究区域经济发展做出预测，以及对产业结构的演变趋势做出分析，为流域水资源与经济社会协调发展整体分析等提供定量依据。

宏观经济预测模型为动态投入产出规划模型，其理论基础为投入产出分析技术和计量经济学方法；其数学形式为优化模型，采用 GAMS 软件包编程和计算。宏观经济分析模型采用模块化设计思想，构建计算模型。

（1）目标模块

选取规划期内 GDP 总和最大为模型的优化目标（objective），表达式为

$$\text{Obj} = \max \sum_t \text{GDP}^t \tag{2-7}$$

式中，GDP 为国内生产总值；t 为规划水平年。

（2）投入产出分析模块

投入产出分析模块主要描述国民经济各行业间的投入产出关系。这些关系是动态的、是建立在国民经济行业描述基础上的。主要约束有：投入产出平衡基本式，消费和投资的结构、地区间的调入调出关系等。方程的数学描述为

$$\sum_{j=1}^{N} a_{ij}^t X_j^t + Y_i^t = X_i^t \tag{2-8}$$

式中，i，j 为经济行业号；a_{ij}^t 为第 t 年中间投入系数；X_i^t（X_j^t）为第 t 年的第 i（j）行业总

产值；Y_i^t 为第 t 年最终总需求。

$$\sum_{k=1}^{K} S_{ik}^t Y_k^t + \mathrm{EX}_i^t - \mathrm{IM}_i^t = Y_i^t \tag{2-9}$$

式中，$k=1$，2，3，4 分别表示居民消费、社会消费、固定资产投资和库存投资；S_{ik}^t 为第 t 年第 k 需求项结构系数；Y_k^t 为第 t 年第 k 需求户需求总值；EX_i^t 为第 t 年第 i 行业调出量；IM_i^t 为第 t 年第 i 行业调入量。

$$\sum_{k=1}^{K} R_k^t \mathrm{GDP}^t = Y_k^t \tag{2-10}$$

式中，R_k^t 为第 k 项最终需求项占 GDP 的比率。

$$\mathrm{Eu}_i^t X_i^t \geqslant \mathrm{EX}_i^t \geqslant \mathrm{El}_i^t X_i^t \tag{2-11}$$

式中，Eu_i^t、El_i^t 分别为调出系数上、下限。

$$\mathrm{Mu}_i^t X_i^t \geqslant \mathrm{IM}_i^t \geqslant \mathrm{Ml}_i^t X_i^t \tag{2-12}$$

式中，Mu_i^t、Ml_i^t 分别为调入系数上、下限。

（3）扩大再生产模块

扩大再生产模块主要描述经济活动年际的关系，即描述扩大再生产过程。其主要约束方程包括：固定资产投资来源方程、固定资产形成方程、生产函数方程等。主要方程的数学描述为

$$\mathrm{FI}^t = \sum_{l=1}^{L} \mathrm{FI}_l^t \tag{2-13}$$

式中，l 为固定资产投资来源项，包括自身投资和区外投资等；FI^t 为第 t 年固定资产总投资；FI_l^t 为第 l 来源的固定资产投资。

$$\mathrm{FI}^t = \sum_{i=1}^{N} \mathrm{SI}_i^t + \mathrm{OI}^t + \mathrm{WI}^t \tag{2-14}$$

式中，SI_i^t 为第 i 行业的固定资产投资；OI^t 为第 t 年其他部门非生产性投资；WI^t 为第 t 年涉水投资，水投资方程为

$$\mathrm{WI}^t = \mathrm{WSI}^t + \mathrm{DWI}^t + \mathrm{SWI}^t + \mathrm{TWI}^t + \mathrm{OWI}^t \tag{2-15}$$

式中，WSI^t 为供水投资；DWI^t 为调水投资；SWI^t 为节水投资；TWI^t 为治污投资，OWI^t 为防洪、水土保持等水投资。

$$\mathrm{FA}_i^t = \sum_{t_0=1}^{T} \beta_i^{t_0} \mathrm{SI}_i^t + \delta_i^t \mathrm{FA}_i^{t-1} \tag{2-16}$$

式中，FA_i^t 为第 i 行业、第 t 年的固定资产存量；T 为投资时滞；$\beta_i^{t_0}$ 为第 t_0 年投资形成固定资产的形成率；δ_i^t 为第 i 行业固定资产折旧系数。

$$X_i^t = A (\mathrm{FA}_i^t)^a (L_i^t)^b \tag{2-17}$$

式（2-17）为道格拉斯生产函数。式中，A 为科技进步系数；a、b 分别为固定资产存量和劳动力生产弹性系数；L_i^t 为第 t 年第 i 行业劳动力数量。因劳动力充裕，生产主要取决于固定资产投资和固定资产存量，故改造为

$$X_i^t = B \cdot \mathrm{FA}_i^t \tag{2-18}$$

式中，B 为固定资产产出率，即单位固定资产存量的生产能力。

（4）土地利用与农业经济模块

受现行经济价值核算体制的制约，长期以来，农、林、牧等基础行业在社会经济中，尤其是在提倡按效益优化水量分配的配置思想指导下，这些经济效益相对低下的基础行业是用（耗）水、用地十分密集的行业，在用水竞争方面处于比较弱势的地位。但粮食安全和基础产业的地位必须保障，在以效益最大为目标之一的优化模拟模型中，必须建立土地利用和农业经济约束机制，以保证优化模拟结果能更好地反映实际。主要方程表达式为

$$XA^t = XIA^t + XDA^t \tag{2-19}$$

$$XIA^t = \sum_{l=1}^{L} IA_l^t \tag{2-20}$$

式中，XA^t 为第 t 年农业用地总面积；XIA^t 为第 t 年灌溉总面积；XDA^t 为第 t 年非灌溉的旱地总面积；IA^t 为第 t 年第 i 类型灌溉总面积，类型分别为水田、水浇地、菜田、林地、草场和鱼塘。

$$XFOD^t = \sum_{j=1}^{3} FOD_j^t \tag{2-21}$$

式中，$XFOD^t$ 为粮食总产量；$j=1$ 为水田粮食产量；$j=2$ 为水浇地种植的粮食产量；$j=3$ 为旱地粮食产量。

$$FOD_j^t = YFOD_j^t \cdot IA_j^t \cdot COEF\,A_j^t \tag{2-22}$$

式中，FOD_j^t 为亩均粮食产量；$YFOD_j^t$ 为每年亩均粮食产量；$COEF\,A_j^t$ 为 j 类农业用地粮食播种面积比例。

$$X_1^t = \sum_{i=1}^{n} PIA_i^t \cdot IA_i^t + PDA^t \cdot XDA^t \tag{2-23}$$

式中，X_1^t 为农业总产出（产值）；PIA_i^t 为 i 类农业用地亩均产值；PDA^t 为非灌溉的旱地亩均产值（1亩=0.067公顷）。

（5）水资源供需模块

本模块包括：需水方程、供水方程以及供需方程等。需水方程见需水节水模型；供水方程见供需分析模型。

需水方程：

$$TWD^t = \sum_{i=1}^{n} WD_i^t \tag{2-24}$$

式中，TWD^t 为 t 年需水总量；WD_i^t 为第 i 用水户需水量，见需水与节水模型描述方程。

供水方程：

$$TWS^t = SWS^t + DWS^t + GWS^t + RWS^t + OWS^t \tag{2-25}$$

式中，TWS^t 为 t 年供水总量；SWS^t 为 t 年地表水可供水量；DWS^t 为 t 年外调水量；GWS^t 为 t 年地下水可供水量；RWS^t 为回用水可供水量；OWS^t 为其他水可供水量。

以供定需方程：

$$\mathrm{TWD}^t \leq \mathrm{TWS}^t \tag{2-26}$$

或某一用户以供定需方程：$\mathrm{TWD}_k^t \leq \mathrm{TWS}_k^t$。如农业，则需水量为农业需水量，供水量为农业可供水量。视具体研究目标而设定。

地表水供水投资方程：

$$\mathrm{SWSI}^t = (\mathrm{SWS}^t - \mathrm{SWS}^{t_0}) \cdot \mathrm{SUI}^t \tag{2-27}$$

外调水供水投资方程：

$$\mathrm{DWSI}^t = (\mathrm{DWS}^t - \mathrm{DWS}^{t_0}) \cdot \mathrm{DUI}^t \tag{2-28}$$

地下水供水投资方程：

$$\mathrm{GWSI}^t = (\mathrm{GWS}^t - \mathrm{GWS}^{t_0}) \cdot \mathrm{GUI}^t \tag{2-29}$$

回用水供水投资方程：

$$\mathrm{RWSI}^t = (\mathrm{RWS}^t - \mathrm{RWS}^{t_0}) \cdot \mathrm{RUI}^t \tag{2-30}$$

其他供水投资方程：

$$\mathrm{OWSI}^t = (\mathrm{OWS}^t - \mathrm{OWS}^{t_0}) \cdot \mathrm{OUI}^t \tag{2-31}$$

式中，SWSI^t、DWSI^t、GWSI^t、RWSI^t、OWSI^t 分别为地表水、外调水、地下水、回用水和其他水供水投资；SUI^t、DUI^t、GUI^t、RUI^t、OUI^t 分别为地表水、外调水、地下水、回用水、其他水单方供水投资。注意，如果上述公式中出现 t 年某类供水比现状供水小、出现负值时，则视其值为 0 计算投资。

供水总投资方程：

$$\mathrm{WSI}^t = \mathrm{SWI}^t + \mathrm{DWS}^t + \mathrm{GWS}^t + \mathrm{TWS}^t + \mathrm{OWS}^t$$

（6）宏观调控模块

经济发展与外部经济环境和宏观调控政策关系密切。如优先发展或大力发展行业的特殊政策、基础行业发展的优惠政策、主要行业物品调入调出宏观控制、粮食产量最低要求等。主要调控模块有：

产业发展约束方程：

$$\mathrm{GRup}_i^t \cdot X_i^{t-1} \geq X_i^t \geq \mathrm{GRlo}_i^t \cdot X_i^{t-1} \tag{2-32}$$

式中，GRup_i^t 和 GRlo_i^t 分别为第 i 行业发展速度上限和下限。

灌溉面积约束方程：

$$\mathrm{IA}_i^{\mathrm{up}} \geq \mathrm{IA}_i^t \geq \mathrm{IA}_i^{\mathrm{lo}}; \quad \mathrm{XIA}_i^{\mathrm{up}} \geq \mathrm{XIA}_i^t \geq \mathrm{XIA}_i^{\mathrm{lo}} \tag{2-33}$$

式中，$\mathrm{IA}_i^{\mathrm{up}}$，$\mathrm{IA}_i^{\mathrm{lo}}$ 分别为第 i 类型农业用地灌溉面积上限和下限；$\mathrm{XIA}_i^{\mathrm{up}}$，$\mathrm{XIA}_i^{\mathrm{lo}}$ 分别为总灌溉面积上限和下限。

粮食产量约束：

$$\mathrm{XFOD}^t / \mathrm{XPO}^t \geq \mathrm{PCFOD}^t \tag{2-34}$$

式中，XPO^t 为 t 年总人口；PCFOD^t 为人均最小粮食产量。

上述六个模块即可构成宏观经济预测模型，其预测结果主要有：GDP，行业产值与增加值，经济结构，消费积累水平，贸易量、灌溉面积、粮食总产量等。

2.3.3 需水与节水预测模型

人口增长、城镇化和经济发展是社会经济用水增长的主要驱动因素，从而需水预测模型与本研究开发的其他模型紧密相关。整体上，需水预测模型由宏观经济预测模型、人口预测模型及若干资源（如耕地面积）约束模块构成。在一定的产业经济与社会发展情形下，水资源需求预测主要采用定额法。本模型需水预测限于河道外用水需求预测，不包括河道内需水。

河道外需水可分为生活需水、生产需水和生态环境需水。生活需水为城乡居民生活用水；生产需水是指国民经济各产业生产活动所需要的水量，其中农业包括种植业和林牧渔畜的需水，非农产业包括工业各行业、建筑业和第三产业的用水需求；河道外生态环境需水包括城镇内的河湖补水、城镇绿化、环境卫生等用水以及农村地区生态环境建设用水。

(1) 生活需水预测

生活需水分城镇和农村居民需水两类，采用人均日用水量进行预测。

$$LW_i^t = Po_i^t \cdot LQ_i^t \cdot 365/1000 \tag{2-35}$$

式中，i 为用户类别，$i=1$ 为城镇，$i=2$ 为农村；Po_i^t 为第 i 用户第 t 水平年的用水人口，由人口模型预测；LQ_i^t 为第 i 用户第 t 年的人均日生活用水量，参考节约用水规划拟定；LW_i^t 为第 i 用户第 t 水平年需水量。

(2) 农业需水预测

按照农林牧渔的传统分类方法，农业需水包括农田灌溉需水（水田、水浇地、菜田）、林地灌溉需水、草场灌溉需水和鱼塘补水以及牲畜用水，各类别需水预测模型分别如下：

农业灌溉需水：

$$AW^t = \sum_{i=1}^{n} AQ_i \cdot IA_i \tag{2-36}$$

式中，AW^t 为农业灌溉水量；AQ_i 为第 i 种灌溉用地亩均灌溉定额；IA_i 为第 i 种灌溉用地灌溉面积，由宏观经济模型预测。

牲畜需水分成大牲畜和小牲畜两类分别进行预测，采用日需水定额法预测。

$$SW^t = \sum_{i=1}^{2} SO_i \cdot SQ_i \cdot 365/1000 \tag{2-37}$$

式中，SW^t 为牲畜用水量；SQ_i 为第 i 种牲畜日用水定额；SO_i 为牲畜头数，$i=1$ 为大牲畜，$i=2$ 为小牲畜。

(3) 非农产业需水预测

按国民经济非农产业预测，采用行业万元增加值用水量与其行业增加值指标预测，公式为

$$NAW^t = \sum_{i=1}^{k} X_i^t \cdot XQ_i^t \tag{2-38}$$

式中，X_i^t 为第 i 非农产业第 t 水平年的产值（或增加值），其指标值采用宏观经济模型预测

成果；XQ_i^t 为第 i 非农业产业第 t 年万元产值（或增加值）用水量；NAW^t 为非农产业第 i 水平年需水量。

(4) 河道外生态需水预测

某一植被类型的生态环境需水量，可以采用其在某一潜水位的面积乘以该潜水位下的潜水蒸发量与植被系数的方法计算，计算公式为

$$WST = \sum_{i=1}^{n} A_i \cdot Wg_i \cdot K \tag{2-39}$$

式中，WST 为某计算区域生态需水量；A_i 为 i 类型植被的面积；Wg_i 为植被类型 i 在地下水位某一埋深时的潜水蒸发量；K 为植被系数；即有植被地段的潜水蒸发量除以无植被地段的潜水蒸发量，常由实验确定。

本书研究黄河流域河道外生态需水预测直接采用黄河水资源综合规划成果。

(5) 节水量及其投资预测

节水量与节水投资只考虑现状用水的节约（即存量节水），不计算增量节水效果，新增加用水户的需水应是节水型的，简化计算暂不考虑。

非农产业节水量：

$$SXW^t = \sum_{i=1}^{k} X_i^{t0} \cdot (XQ_i^{t0} - XQ_i^t) \tag{2-40}$$

式中，SXW^t 为非农业节水量；X_i^{t0} 为第 i 产业现状总产值（或增加值）；XQ_i^{t0}、XQ_i^t 为现状及 t 年万元产值（或增加值取水量）。

非农业产业节水投资：

$$SXI^t = SXW^t \cdot XUI^t \tag{2-41}$$

式中，SXI^t 为非农业节水投资需求量；XUI^t 为非农业单方节水投资。

农业节水量：

$$SAW^t = \sum_{i=1}^{k} IA_i^{t0} \cdot (AQ_i^{t0} - AQ_i^t) \tag{2-42}$$

式中，SAW^t 为农业节水量；IA_i^{t0} 为第 i 类型现状灌溉面积；AQ_i^{t0}、AQ_i^t 为现状及 t 年第 i 类型灌溉面积的亩均灌溉水量。

农业产业节水投资：

$$SAI^t = SAW^t \cdot AUI^t \tag{2-43}$$

式中，SAI^t 为农业节水投资需求量；AUI^t 为农业单方节水投资。

城镇生活节水量：

$$SLW^t = LW^t \cdot \delta^t \tag{2-44}$$

式中，SLW^t 为城镇生活节水量；δ^t 为节水系数，可按 5% 考虑。

城镇生活节水投资：

$$SLI^t = SLW^t \cdot LUI^t \tag{2-45}$$

式中，SLI^t 为城镇生活节水投资需求量；LUI^t 为城镇生活单方节水投资。

节水总量：

$$SW^t = SAW^t + SXW^t + SLW^t \qquad (2\text{-}46)$$

节水总投资需求量：

$$SWI^t = SAI^t + SXI^t + SLI^t \qquad (2\text{-}47)$$

式中，SW^t 为总节水量；SWI^t 为总节水投资。

2.3.4 水污染负荷排放及调控预测模型

新鲜水资源进入社会经济系统后，经过社会经济系统各环节的消耗利用后排出，排水水质均会发生不同程度的变化，经长期大量积累，污染物产生量超过自然界的自净能力（纳污能力）后，就会造成严重的污染。因此，控制污水排放是维护良好水环境的主要途径。

（1）污染负荷排放量

水污染负荷排放包括：废污水排放量、主要污染物质（COD 和氨氮）排放量。调控主要包括：主要污染物入河控制量、需削减量、水污染治理投资（包括收集管网投资和污水处理厂建设投资等）。主要方程如下。

工业污水排放量：

$$WIW^t = IW^t \cdot \lambda_1^t \qquad (2\text{-}48)$$

式中，WIW^t 为 t 年工业污水排放量；IW^t 为 t 年工业需水量；λ_1^t 为 t 年工业污水排放系数。

城镇生活污水排放量：

$$WLW^t = (LW^t + PW^t) \cdot \lambda_2^t \qquad (2\text{-}49)$$

式中，WLW^t 为 t 年城镇生活废污水排放量；LW^t 为 t 年城镇居民生活用水量；PW^t 为 t 年公共生活用水用水量；λ_2^t 为 t 年生活污水排放系数。

工业 COD 排放量：

$$INDCOD^t = \sum_j (X_j^t \cdot IUCOD_j^t) \qquad (2\text{-}50)$$

式中，$INDCOD^t$ 为 t 年工业 COD 排放量；$IUCOD_j^t$ 为 t 年第 j 工业行业万元产值或增加值 COD 排放量。

工业氨氮排放量：

$$INDNH^t = \sum_j (X_j^t \cdot IUNH_j^t) \qquad (2\text{-}51)$$

式中，$INDNH^t$ 为 t 年工业氨氮排放量；$IUNH_j^t$ 为 t 年第 j 工业行业万元产值或增加值氨氮排放量。

城镇生活 COD 排放量：

$$LIFCOD^t = UPO^t \cdot LIFCOD_0^t \qquad (2\text{-}52)$$

式中，$LIFCOD^t$ 为 t 年城镇生活 COD 排放量；UPO^t 为 t 年城镇人口数，由人口模型预测；$LIFCOD_0^t$ 为 t 年城镇生活人均 COD 日排放量。

城镇生活氨氮排放量：

$$LIFNH^t = UPO^t \cdot LIFNH_0^t \qquad (2\text{-}53)$$

式中，LIFNH^t 为 t 年城镇生活氨氮排放量；LIFNH$_0^t$ 为 t 年城镇生活人均氨氮日排放量。

(2) 水污染处理量

废污水排放总量：

$$WW^t = WIW^t + WLW^t \tag{2-54}$$

废污水处理能力：

$$TREW^t = WW^t \cdot \varphi^t \tag{2-55}$$

式中，WW^t 为 t 年废污水排放总量；TREW^t 为 t 年废污水处理量（能力）；φ^t 为 t 年废污水处理率。

COD 削减量：

$$CUTCOD^t = (INDCOD^t + LIFCOD^t) \cdot \varphi^t \cdot \gamma_1^t \tag{2-56}$$

式中，CUTCOD^t 为 t 年 COD 削减量；γ_1^t 为 t 年 COD 削减系数。

氨氮削减量：

$$CUTNH^t = (INDNH^t + LIFNH^t) \cdot \varphi^t \cdot \gamma_2^t \tag{2-57}$$

式中，CUTNH^t 为 t 年氨氮削减量；γ_2^t 为 t 年氨氮削减系数。

COD 入河量：

$$RIVCOD^t = (INDCOD^t + LIFCOD^t - CUTCOD^t) \cdot RCODCOE^t \tag{2-58}$$

式中，RIVCOD^t 为 t 年 COD 入河量；RCODCOE^t 为 t 年 COD 入河系数。

氨氮削减量：

$$RIVNH^t = (INDNH^t + LIFNH^t - CUTNH^t) \cdot RNHCOE^t \tag{2-59}$$

式中，RIVNH^t 为 t 年氨氮入河量；RNHCOE^t 为 t 年氨氮入河系数。

(3) 水污染处理投资

$$TWI^t = TREW^t \cdot TUI^t \cdot \varepsilon^t \tag{2-60}$$

式中，TWI^t 为 t 年水处理投资；TUI^t 为 t 年单方水处理投资；ε^t 为考虑管网建设投资系数，取值可为 1.5~2。

$$TPN^t = \text{int}\left(\frac{TREW^t}{10 \cdot 365}\right) \tag{2-61}$$

式中，TPN^t 为 t 年标准污水处理厂个数，按日处理能力 10 万 t 计数，int(x) 为取整数。

2.3.5 水量平衡分析模型

对流域而言，水资源利用既存在上下游关系，同时在每一个利用单元上又存在复杂的"二元"水循环关系。但无论在流域上，还是在利用单元上，均遵守水量平衡基本原理。模型中的主要平衡关系可描述为

(1) 水库

$$VE(M+1, N) = VE(M, N) + I(M, N) - O(M, N) - SP(M, N) - LK(M, N) \tag{2-62}$$

式中，VE(M, N) 为水库节点 N 第 M 月的蓄水量；$I(M, N)$ 为水库入流量；$O(M, N)$ 为

水库出流量；SP(M, N)为水库的各种供水量；LK(M, N)为水库的渗漏损失量。

（2）地下水库

$$GVE(M+1, N) = GVE(M, N) + GSA(M, N) + GSP(M, N) + GSR(M, N) - EG(M, N) - GSP(M, N) \tag{2-63}$$

式中，GVE(M, N)为地下水库节点N第M月的蓄水量；GSA(M, N)、GSP(M, N)和GSR(M, N)分别为灌溉补给、降雨补给和河渠补给；EG(M, N)为潜水蒸发；GSP(M, N)为地下水开采量。

（3）河道引退水节点

$$O(M, N) = I(M, N) + R(M, N) - SP(M, N) \tag{2-64}$$

式中，$O(M, N)$为节点出流量；$I(M, N)$为节点入流量；$R(M, N)$为节点的退水；SP(M, N)为引水量。

（4）汇流节点

$$O(M, N) = \sum_J I(M, N, J) \tag{2-65}$$

式中，$O(M, N)$为节点出流量；$I(M, N, J)$为节点入流量。

（5）单元平衡关系

$$W_{outflow} = W_{inflow} + W_{runoff} - W_{store} - W_{use} \tag{2-66}$$

式中，$W_{outflow}$为单元的出流；W_{inflow}为单元的入流；W_{runoff}为单元的区间天然径流量；W_{store}为单元河道和水库的蓄变量增值；W_{use}为单元的地表水耗水量。

2.3.6 多目标与群决策模型

水资源系统规划是一个多目标、群决策的问题。传统的发展模式下，水资源开发利用单纯地追求经济效益，不惜以牺牲环境质量和消耗水资源为代价，使人类活动对生态系统的负面影响相当突出，生态退化问题严重，甚至不惜牺牲部分地区的利益，引发了很多涉及社会、经济、生态方面的问题。对于多目标群决策问题，需要把原有针对单决策者的多目标方法向群体决策扩展，或者把单目标的群决策方法向多目标扩展，而这也是本研究黄河流域水资源与社会经济协调发展模型体系研究需要研制的重要问题。多目标群决策模型以各目标协调、综合满意度（或效用值）最大为目标，充分考虑不同群体和部门对各目标的偏好，应用满意度函数，将人口模型、宏观经济模型、需水模型、水污染负荷排放及调控、水资源利用与供需等有机整合起来，形成整体协调分析模型系统，是各模型的集成。

（1）多目标模型

多目标问题一般数学表达式如下：

$$\max \mathbf{Z}(x)$$
$$\mathbf{x} \in \mathbf{G}, \mathbf{G} = \{x \mid G(x) \leq 0\} \tag{2-67}$$

其中，$\mathbf{x} = (x_1, x_2, x_3, \cdots, x_n)^T$。

$$Z(x) = (f_1(x), f_2(x), f_3(x), \cdots, f_m(x))^\mathrm{T} \tag{2-68}$$
$$G(x) = (g_1(x), g_2(x), g_3(x), \cdots, g_m(x))^\mathrm{T}$$

式中，x 为由决策变量组成的向量；$f_i(x)$ 为目标函数；G 为决策变量的可行域。与单目标优化不同，多目标优化的问题的解一般不是唯一的，而是由多组解，组成非劣解（一个解，如果其中某一个决策变量的改善必将导致其他一个或者多个决策变量的值变差，该解就称为非劣解）。

（2）群决策模型

按多目标决策偏好的时序分类，一般分为事先估计、事后估计和交互式逐步估计三种。事先估计是多重效用分析中的一种经典的方法。分析人员首先确定反映决策者偏好的效用函数，然后利用这一效用函数作为目标函数或者对有限方案进行排序，或者在无限个方案中寻优。这类方法的缺点是事先给出的决策者偏好会局限"最优"方案的挑选范围，整个寻优过程类似于"定向"的寻优，会人为地丧失最优解。事后估计方法的思路是尽可能地将非劣解集空间内的所有信息提供给决策者，决策者通过对比、挑选出其中最满意的解，而并不要求决策者的效用函数值最大，但在挑选过程中决策者虽然已用到了符合自己的偏好的某些标准。这类方法在理论上最为完备，但在实践上缺乏可行性。针对上述两种方法论的弊端，出现了结合上述两类方法优点的第三种方法：交互式多目标决策方法。其中，交互切比雪夫（Tchebycheff）算法具有全面性、高效性、实用性、客观性等特点，适于解决可行域为凸域的多目标规划问题。

（3）最优权重模型

生成非劣解集的特定方法，最简单的就是所谓权重法。尽管该方法在理论上并不严密，但有一定的简便和广泛适用性，因此在实际中得到广泛应用。权重法就是对不同的目标给予相应的权重，把各目标函数的加权和或加权平均作为总的单一的目标函数，求此 LP（或 NLP）问题的最优解，即为非劣解集中的一点，根据各种不同的权重组合进行求解，就可生成非劣解集。通常这些权重是标准化了的，以使其总和等于1，各目标函数无量纲。模型如下：

$$\max \sum_{k=1}^{K} W_k \cdot Z_k(x), \text{约束于：} x \in X \tag{2-69}$$

对一切 K，权重向量 $W_k \geq 0$，且至少对一个目标为严格正值。从模型的数学形式来看，表明非劣解可由线性规划方法来得出（当全部函数为线性，或可以线性化时）。非劣集和非劣解集则可在上述的目标函数中通过变化其权重来得到。

（4）多目标群决策模型

本次多目标群决策即采用最优权重模型。

为叙述方便，令 $Z_k(X) = f_i(X)$，$k = i$，在不考虑各目标向量权重的情况下，将上节的多目标群决策模型分解为

$$\max f = f_1(X), f_2(X), f_3(X), f_4(X)) \tag{2-70}$$

$$\text{s.t.} \begin{cases} X \in S \\ X \leq 0 \end{cases}$$

式中，$f_i(X)$（$i=1,2,3,4$）分别为流域或省区经济生产总值、人均粮食产量、总排污量（COD）和多年平均缺水量；X是所有变量组成的向量；S是整体模型中所有约束条件所组成的集合。

分别求解单目标规划（$i=1,2,3,4$）：

$$\max f_i(X) \tag{2-71}$$
$$\text{s.t.} \begin{cases} X \in S \\ X \leqslant 0 \end{cases}$$

可得最优解X^*与最大值f_i^*。

再分别求解单目标规划（$i=1,2,3$）：

$$\min f_i(X) \tag{2-72}$$
$$\text{s.t.} \begin{cases} X \in S \\ X \leqslant 0 \end{cases}$$

可得最小值f_{i*}。

由此，构造出目标函数$f_i(X)$的相对隶属度模型：

$$\mu_i(X) = \frac{f_i(X) - f_{i*}}{f_i^* - f_{i*}} \tag{2-73}$$

各隶属度模型结果和各目标权重的乘积之和，即为整体协调方案分析的满意度值。在最优权重模型下，满意度值越大，表示方案越优，一定程度上满意度最大的方案就是最优方案。

2.3.7 水资源整体模型的耦合

水资源整体模型就是采用整体建模技术，整合人口模型、宏观经济预测模型、节水需水预测模型、水环境预测模型、水资源供需模型、水量平衡分析模型、多目标群决策模型而形成的综合性模型。整体模型的出发点就是通过一个整体的模型框架，将水资源系统中各因素的相互作用通过内生变量进行连接，通过计算结果传递来描述元素间作用的方式。整体模型的关键问题在于建立各部分的本质连接，从而使得水资源配置多目标分析能够在主要的物理系统的基础上实现。

以投入产出模型、宏观经济发展预测模型、人口城市化预测模型、水环境污染模型、生态用水模型、水资源系统分析（包括水资源利用工程，水环境分析模型）、水平衡分析模型为基础，采用多目标分析的评价思路，构建黄河流域水资源与经济社会协调发展整体评价模型。模型主要包括以下局部模型（模块）：多目标分析模型（模块）；人口预测模型（模块）；宏观经济预测模型（模块）；土地利用与粮食生产模块；需水节水预测模型（模块）；水资源供需分析模块；水污染负荷排放与调控模型（模块）；水投资模块；水资源利用模块；等等。

2.4 模型机制

2.4.1 模型间关系

各模型（模块）之间的关系如图 2-2 所示。从各模型间的关键联结机制来看，简言之，人口预测模型、宏观经济预测模型以及水资源用户用水模型，为需水模型提供输入数据，需水成果为水质预测模型提供核心输入成果。同时，人口模型、宏观经济预测模型、需水预测模型、水资源利用模型、水质模型为多目标分析提供基础输入；多目标分析模型根据一定的规则进行多方案分析，并为整体协调分析模型提供输入，最终得到黄河流域水资源与经济社会协调发展的最终方案。

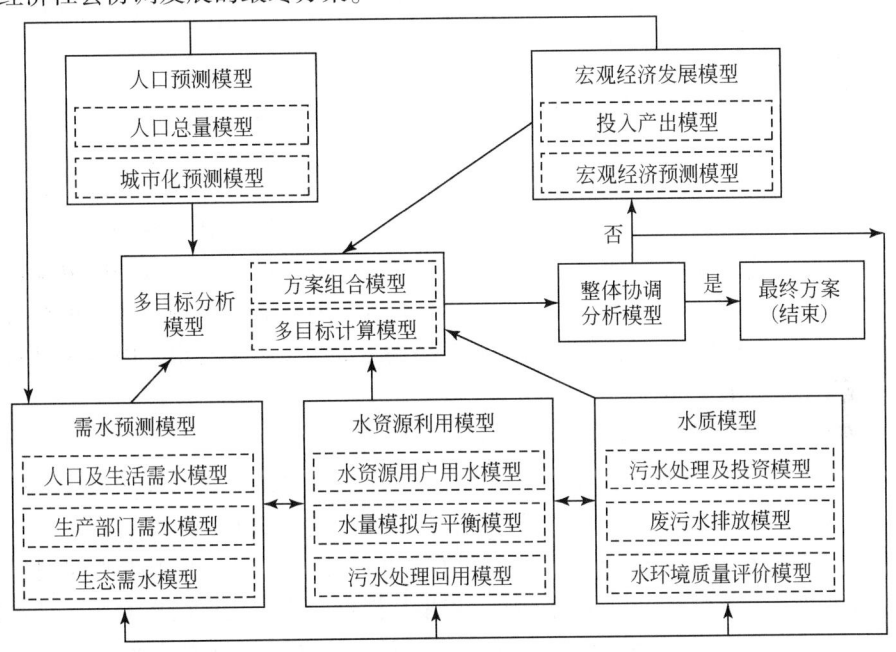

图 2-2　水资源与环境经济协调发展模拟模型内在关系

因此，在模型的结构上，人口、宏观经济、需水、水资源利用、水质等模型共同构成多目标分析模型的子模块，同时也是整体协调分析模型的子模块，整体模型的基本结构如图 2-3 所示。

2.4.2 整体模型机制

在由经济、社会、资源与环境构成的水资源宏观经济系统中，经济子系统是整个系统的基础，而水资源子系统则是各个子系统之间的纽带。经济发展既能造成环境污染，也能促进环境治理；既可能引起生态环境恶化，也可以增加环境保护投入；既增加了各行各业

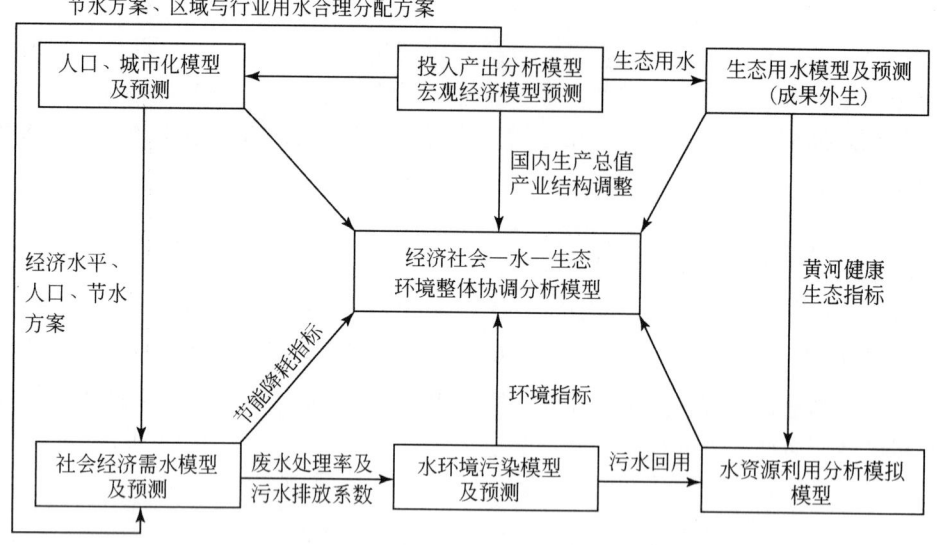

图 2-3 水资源-环境经济协调发展整体模拟模型基本结构

的需求，也为发展供水提供经济基础。水资源作为区域经济发展的短板，成为各目标竞争的关键自然资源。各子系统对资金和水资源的竞争，使整个系统朝着有利于自己利益的方向发展。为了长久地保持系统协调、均衡地发展，资金和资源在子系统中的分配比例必须随着系统的发展，做合理的调整，因此，要求模型应具有动态的机制将各个模块特别是水资源和宏观经济模块紧密地联系在一起。从模型构建方程等可以看出，整体模型具有以下主要联系机制。

(1) 扩大再生产机制、积累与消费关系

扩大再生产机制是水资源承载力分析模型的一个主要约束机制。按照马克思的政治经济学理论，扩大再生产就是资本—生产—商品—利润—资本的循环产生过程，即把上一个生产过程的一部分利润转化成资本，进行新的扩大再生产过程，而多少利润用于转化资本，多少用于消费则是积累与消费的关系，积累与消费的比例是控制扩大再生产规模的主要因素。考虑水资源约束条件，如何安排积累与消费的关系，使扩大再生产过程顺利进行，是水资源规划研究必须面对的问题之一。

(2) 产品的调入、调出关系

在现代社会里一个地区没有必要完全靠自己的能力去生产自己所需要的产品，可以通过商品贸易活动调动地区间生产能力的不足。调整产业结构，发展节水型经济的一个重要方面是调整调入调出结构，处理调入调出关系的原则是基本维持调入调出的平衡，因为一个国家或地区长期保持贸易顺差或贸易逆差都是不正常的。

(3) 投入-产出约束关系

投入-产出关系可以研究一个地区各经济部门产出及需求之间的平衡关系，描述经济结构和生产条件之间的关系，揭示生产过程中各部门的变化过程以及部门与部门之间的相互依存、相互制约的关系。

（4）水污染与治理及污水回用的关系

经济要发展，就不可避免的有污水排放，不仅造成环境污染问题，而且还导致新鲜水源不能被利用，加剧水资源危机。为了控制这种恶性循环，就要将工业污水在排入河道之前进行治理及回用，不仅控制了污染问题，还可以为工业和农业提供水源，提高水的重复利用效率，既有环境效益，又有经济效应。当然这就需要治理投资，因此它对于扩大再生产来说是一项限制因素。

（5）农业生产结构的合理调整

农业是第一用水大户，农业生产结构的合理调整对于提高用水效率、维护良好的生态环境、进而提高水资源承载能力具有决定性作用。农业生产结构包括两个层次，第一层为农、林、牧、副、渔的结构，第二层为种植业内各种作物的种植结构，包括粮食、油粮、棉花、蔬菜、瓜果等作物的种植比例。

（6）水平衡约束

工业、农业要发展，动物、植物要生存，人类还要维持日常生活，这都需要水。生活用水涉及千家万户，工业用水则是国民经济发展的基石，因而它们对供水水质和保证率的要求比较高；农业用水一般都是灌溉用水，对水质和保证率的要求相对较弱。以上所有用水都必须满足水量供需平衡这个基本物理规律的约束。

（7）水库调度规则与水资源利用过程的关系

在模型中，不同的水库调度规则会导致不同的水资源利用过程，而水资源利用在时间和空间上的变化，将在很大程度上对国民经济的发展产生影响。

除上述主要约束关系之外，还可以增加政策、市场、传统等方面的约束，如政府的粮食政策、当地生活的消费特性、污水处理水不能作为生活用水等。在模型中这些方面的约束方程都可以通过上下限来控制。

本模型系统采用 GAMS 软件包进行系统编程和调算。

第3章　黄河流域水资源整体模型与情景设置

本章结合黄河流域的基本情况，介绍了整体模型在黄河流域应用的时空分区、节点概化和重要参数设定，并给出了黄河流域整体模型的边界条件和情景设置。

3.1　黄河流域概况与整体模型设置

3.1.1　黄河流域概况

黄河是我国第二大河，发源于青藏高原巴颜喀拉山北麓海拔4500m的约古宗列盆地，流经青海、四川、甘肃、宁夏、内蒙古、陕西、山西、河南、山东等九省（自治区），在山东垦利县注入渤海。黄河干流河道全长5464km，流域面积79.5万km^2（包括内流区4.2万km^2，下同）。与其他江河不同，黄河流域上中游地区面积占流域总面积的97%。流域西部地区属青藏高原，海拔在3000m以上；中部地区绝大部分属黄土高原，海拔为1000~2000m；东部属黄淮海平原，河道高悬于两岸地面之上，洪水威胁十分严重。

黄河流域东临渤海，西居内陆，气候条件差异明显。流域内气候大致可分为干旱、半干旱和半湿润气候，西部、北部干旱，东部、南部相对湿润。全流域多年平均降水量452mm，总的趋势是由东南向西北递减，降水最多的是流域东南部，如秦岭、伏牛山及泰山一带年降水量达800~1000mm；降水量最少的是流域西北部，如位于宁夏、内蒙古的河套平原年降水量只有200mm左右。

黄河干流多弯曲，素有"九曲黄河"之称。黄河支流众多，从河源的玛曲曲果至入海口，沿途直接流入黄河、流域面积大于$100km^2$的支流共220条，组成黄河水系。支流中流域面积大于1000 km^2的有76条，流域面积达58万km^2，占全河集流面积的77%；大于1万km^2的支流有11条，流域面积达37万km^2，占全河集流面积的50%。黄河左、右岸支流呈不对称分布，而且沿程汇入疏密不均，流域面积沿河长的增长速率差别很大。黄河左岸流域面积为29.3万km^2，右岸流域面积为45.9万km^2，分别占全河集流面积39%和61%。黄河的重要支流主要有：白河、黑河、洮河、湟水、大黑河、窟野河、无定河、汾河、渭河、洛河、沁河、金堤河、大汶河等，这些较大支流是构成黄河流域面积的主体。黄河是由许多个湖盆水系演变而成的，目前保留下来的较大湖泊只有3个，即是河源区的扎陵湖、鄂陵湖和下游的东平湖。

根据《全国水资源综合规划》成果，黄河流域片共有8个二级分区下辖29个三级分区，有7个二级分区的水量进入黄河干流，流入大海；内流区水量不进入黄河干流，而是消失在内陆荒漠之中，各分区基本情况见表3-1。

表 3-1　黄河流域各省（自治区）与水资源分区基本情况

省（自治区）	面积/万 km²	人口/万人	涉及地级区/个	二级区	面积/万 km²	人口/万人	涉及地级区/个
青海	15.2	454.9	8	龙羊峡以上	13.1	61.4	6
四川	1.7	10.0	1	龙羊峡至兰州	9.1	914	11
甘肃	14.3	1 811.8	10	兰州至河口镇	16.4	1 553.3	16
宁夏	5.1	596.2	4	河口镇至龙门	11.1	852.3	12
内蒙古	15.1	820.8	7	龙门至三门峡	19.2	5 047	26
陕西	13.3	2 823.0	9	三门峡至花园口	4.2	1 351.9	14
山西	9.7	2 187.8	11	花园口以下	2.3	1 365.2	15
河南	3.6	1 709.6	9	内流区	4.2	57.3	3
山东	1.4	788.3	10	—			
合计	79.4	11 202.4	69	合计	79.5	11 202.4	69

注：依据《全国水资源综合规划》项目的初步成果整理得到，人口为 2000 年统计数。

黄河流域的水量除了被本流域引用外，还被流域外的区域引用。根据全国水资源综合规划现状调查统计成果分析，流域外的引黄地区统计情况见表 3-2。

表 3-2　黄河流域外引黄地区分布情况

水资源分区		行政分区			
海河区		海河区		淮河区	
二级分区	三级分区	省级行政区	地级行政区	省级行政区	地级行政区
海河南系	大清河淀东平原	天津	天津	河南	郑州
	子牙河平原	河北	沧州		开封
	漳卫河平原		衡水		济南
	黑龙港及运东平原		新乡	山东	菏泽
徒骇马颊河平原	徒骇马颊河平原	河南	焦作		济宁
淮河区			濮阳		淄博
淮河中游区	王蚌区间北岸		德州		滨州
沂沭泗河区	湖西区		滨州		潍坊
山东半岛沿海诸河区	小清区	山东	聊城		东营
	胶东诸河区		济南		青岛
			东营		

目前黄河流域外引水分区主要包括海河流域引水区和淮河流域引水区。海河流域引水

区的引水供水范围包括大清河淀东平原、漳卫河平原、黑龙港及运东平原、徒骇马颊河平原，大清河淀东平原的引水包括对天津市的供水。淮河流域引水区的引水的供水范围包括王蚌区间北岸、湖西区、小清河区和胶东诸河区。从行政区统计，黄河流域外引黄区包括天津、河北、河南、山东四省份，共计18个地级行政区。

根据黄河流域水资源综合规划报告，1956~2000年，黄河流域（包括内流区）多年平均年降水总量3554.0亿 m³，折算降水深447.1mm。黄河流域水资源总量647.0亿 m³。其中，现状下垫面条件下的利津站多年平均河川天然径流量534.8亿 m³，地表水与地下水之间不重复计算量112.2亿 m³。黄河干支流主要控制站和区间水资源总量统计结果见表3-3。

表3-3 黄河干支流主要水文断面水资源数量统计结果

站名（或河段）	集水面积 /万 km²	河川天然径流量 /亿 m³	地下水资源量 /亿 m³	地表水与地下水不重复量/亿 m³	水资源总量 /亿 m³
唐乃亥	12.2	205.1	81.1	0.5	205.6
唐乃亥至兰州	10.06	124.8	55.2	1.6	126.4
兰州	22.26	329.9	136.3	2.1	332.0
兰州至河口镇	16.34	1.8	46.2	22.7	24.5
河口镇	38.6	331.7	182.5	24.8	356.5
河口镇至龙门	11.16	47.4	35.1	18.7	66.1
龙门	49.76	379.1	217.6	43.5	422.6
龙门至三门峡	19.08	103.6	91.0	36.6	140.2
三门峡	68.84	482.7	308.6	80.1	562.8
三门峡至花园口	4.16	50.1	35.4	8.0	58.1
花园口	73.00	532.8	344	88.1	620.9
花园口至利津	2.19	2.0	24.1	15.4	17.4
利津	75.19	534.8	368.1	103.5	638.3
内流区	4.31	0	8.7	8.7	8.7
黄河流域（含内流区）	79.50	534.8	376.8	112.2	647.0

黄河流域水资源的主要特点如下：

一是水资源贫乏。黄河流域面积占全国国土面积的8.3%，而年径流量只占全国的2%。流域内人均水量474m³，为全国人均水量的22%；耕地亩均水量220 m³，仅为全国耕地亩均水量的16%。再加上流域外的供水需求，人均占有水资源量更少，是全国水资源贫乏地区之一。

二是径流年内分配集中。干流及主要支流汛期7~10月径流量占全年的60%以上，且汛期径流量主要以洪水形式出现，中下游汛期径流含沙量较大，利用困难；非汛期径流主要由地下水补给，含沙量小，大部分可以利用。

三是径流年际变化大。干流断面最大年径流量一般为最小年径流量的 3.1~3.5 倍，支流一般达 5~12 倍。黄河自有实测资料以来，相继出现了 1922~1932 年、1969~1974 年、1977~1980 年、1990~2000 年的连续枯水段，四个连续枯水段平均河川天然径流量分别相当于多年均值的 74%、84%、91% 和 83%。

四是地区分布不均。黄河河川径流大部分来自兰州以上地区，年径流量占全河的 61.7%，而流域面积仅占全河的 28%；龙门至三门峡区间的流域面积占全河的 24%，年径流量占全河的 19.4%。兰州至河口镇区间，产流很少，河道蒸发渗漏强烈，区间年径流量仅占全河的 0.3%。

3.1.2 整体模型中的基本空间单元

本章采用自上而下和自下而上相结合的方法建立流域整体和流域省区的相互关系。自下而上是首先通过市级行政区的社会经济情况调查，与其所属省份的投入产出表结合，建立流域套省的投入产出及宏观经济分析体系，用于流域套省的水资源与经济社会分析、预测。流域套省的水资源与社会经济共同构成黄河流域水资源与经济社会整体，任一流域套省水资源与社会经济的变化均会对流域产生影响，而流域发展变化则会要求每个流域套省作出相应的反应，其中的关键联系机制是流域经济的投入产出机制、宏观经济约束机制、水资源利用与水量平衡关系。流域整体模型与省区模型的关系如图 3-1 所示。

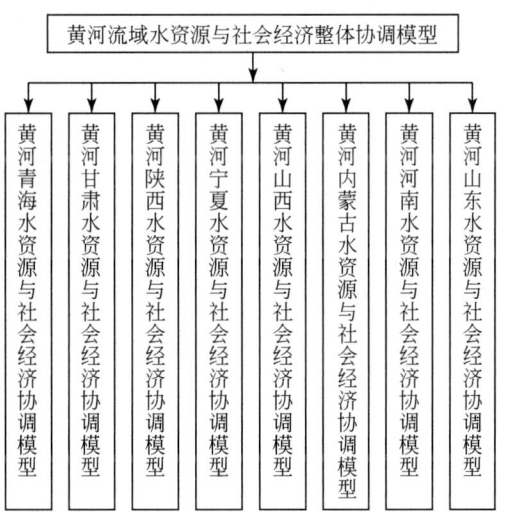

图 3-1　黄河流域及八省份整体模型之间的协调关系

为更细致地模拟流域内各区水循环与水资源利用情形，定量分析水资源与社会经济协调发展情况，本书采用省套三级区为水量模拟分析的基本单元，见表 3-4。根据流域上、中、下游的水循环关系，建立表示空间拓扑关系的节点图，如图 3-2 所示。

表 3-4　黄河流域省套三级区基本单元表

三级区编码	三级区	省（自治区、直辖市）	所属二级区	是否干流取水
D010100SC	河源至玛曲	四川	龙羊峡以上	Y
D010100GS	河源至玛曲	甘肃	龙羊峡以上	Y
D010200GS	玛曲至龙羊峡	甘肃	龙羊峡以上	Y
D010200QH	玛曲至龙羊峡	青海	龙羊峡以上	Y
D020100QH	大通河享堂以上	青海	龙羊峡至兰州	N
D020100GS	大通河享堂以上	甘肃	龙羊峡至兰州	N
D020200QH	湟水	青海	龙羊峡至兰州	N
D020200GS	湟水	甘肃	龙羊峡至兰州	N
D020300QH	大夏河与洮河	青海	龙羊峡至兰州	N
D020300GS	大夏河与洮河	甘肃	龙羊峡至兰州	N
D020400QH	龙羊峡至兰州干流区	青海	龙羊峡至兰州	Y
D020400GS	龙羊峡至兰州干流区	甘肃	龙羊峡至兰州	Y
D030100GS	兰州至下河沿	甘肃	兰州至河口镇	Y
D030100NX	兰州至下河沿	宁夏	兰州至河口镇	Y
D030200GS	清水河、苦水河	甘肃	兰州至河口镇	N
D030200NX	清水河、苦水河	宁夏	兰州至河口镇	N
D030300NX	下河沿至石嘴山	宁夏	兰州至河口镇	Y
D030300NM	下河沿至石嘴山	内蒙古	兰州至河口镇	Y
D030400NM	石嘴山至河口镇北岸	内蒙古	兰州至河口镇	Y
D030500NM	石嘴山至河口镇南岸	内蒙古	兰州至河口镇	Y
D040100NM	河口镇至龙门左岸	内蒙古	河口镇至龙门	Y
D040100SX	河口镇至龙门左岸	山西	河口镇至龙门	Y
D040200NM	吴堡以上右岸	内蒙古	河口镇至龙门	N
D040200SH	吴堡以上右岸	陕西	河口镇至龙门	N
D040300NM	吴堡以下右岸	内蒙古	河口镇至龙门	N
D040300SH	吴堡以下右岸	陕西	河口镇至龙门	N
D050100SX	汾河	山西	龙门至三门峡	N

续表

三级区编码	三级区	省（自治区、直辖市）	所属二级区	是否干流取水
D050200GS	北洛河状头以上	甘肃	龙门至三门峡	N
D050200SH	北洛河状头以上	陕西	龙门至三门峡	N
D050300NX	泾河张家山以上	宁夏	龙门至三门峡	N
D050300GS	泾河张家山以上	甘肃	龙门至三门峡	N
D050300SH	泾河张家山以上	陕西	龙门至三门峡	N
D050400NX	渭河宝鸡峡以上	宁夏	龙门至三门峡	N
D050400GS	渭河宝鸡峡以上	甘肃	龙门至三门峡	N
D050400SH	渭河宝鸡峡以上	陕西	龙门至三门峡	N
D050500SH	渭河宝鸡峡至咸阳	陕西	龙门至三门峡	N
D050600SH	咸阳至潼关	陕西	龙门至三门峡	N
D050700SX	龙门至三门峡干流区间	山西	龙门至三门峡	Y
D050700SH	龙门至三门峡干流区间	陕西	龙门至三门峡	Y
D050700HN	龙门至三门峡干流区间	河南	龙门至三门峡	Y
D060100SX	三门峡至小浪底区间	山西	三门峡至花园口	Y
D060100HN	三门峡至小浪底区间	河南	三门峡至花园口	Y
D060200SX	沁丹河	山西	三门峡至花园口	N
D060200HN	沁丹河	河南	三门峡至花园口	N
D060300SH	伊洛河	陕西	三门峡至花园口	N
D060300HN	伊洛河	河南	三门峡至花园口	N
D060400HN	小浪底至花园口区间干流区间	河南	三门峡至花园口	Y
D070100HN	金堤河天然文岩渠	河南	花园口以下	N
D070200SD	黄汶区	山东	花园口以下	N
D070300HN	花园口以下干流区（包括流域外用水区）	河南	花园口以下	Y
D070300SD	花园口以下干流区（包括流域外用水区）	山东	花园口以下	Y
D080100NM	内流区	内蒙古	内流区	N
D080100SH	内流区	陕西	内流区	N
D080100NX	内流区	宁夏	内流区	N
D090000TJ	外调水量	天津	外流域	Y

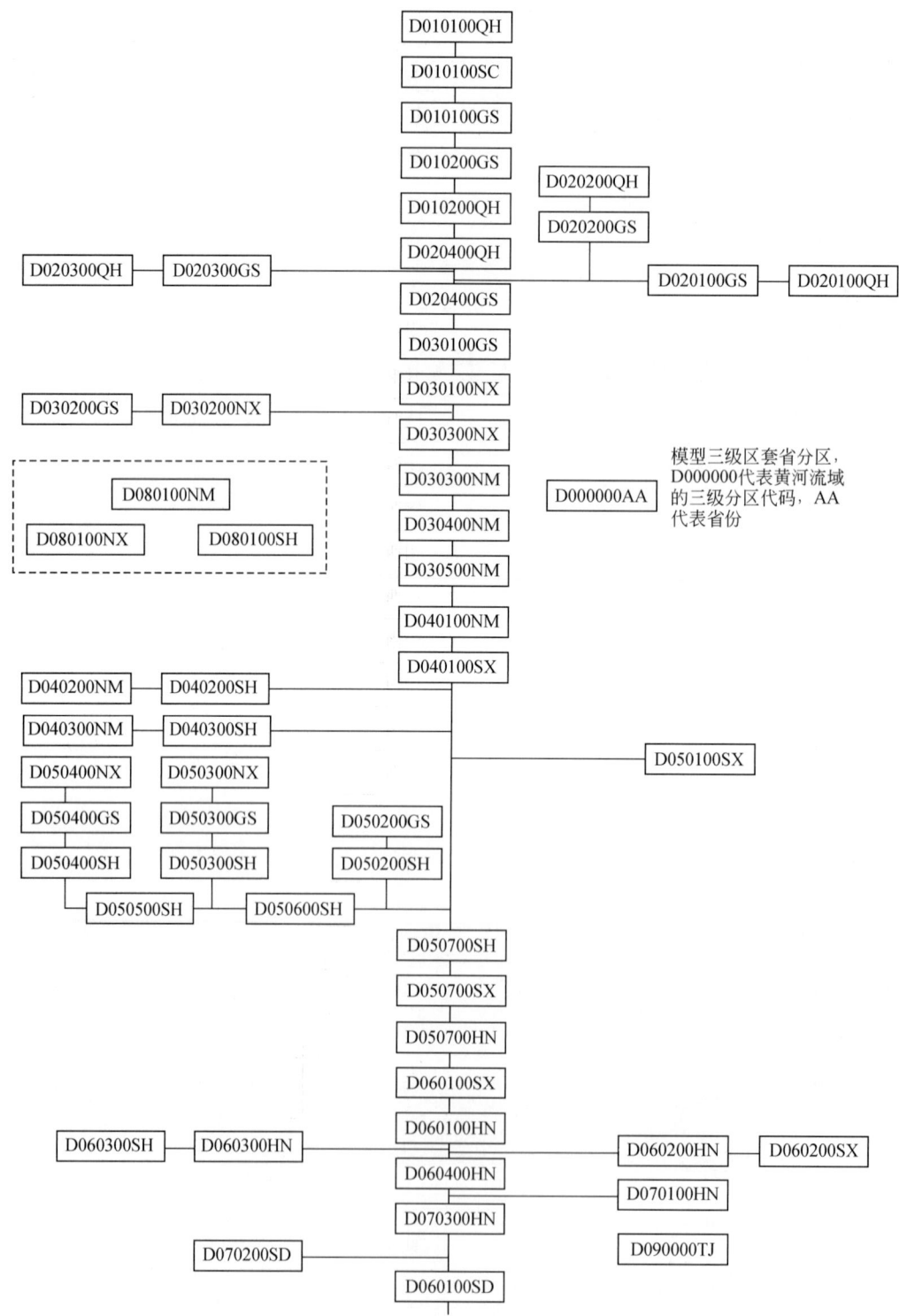

图 3-2 模型概化的流域节点图

3.1.3 模型时间设定

规划期：现状水平年为 2005 年，预测年份为 2010 年、2015 年、2020 年、2025 年和 2030 年。

黄河水量统一调度模拟期：1999~2007 年。

3.1.4 水文系列数据

根据下垫面最接近的选取原则，模型水文系列采用了其评价的 1956~2000 年系列中的 1971~2000 年这一段的 30 年天然径流量作为模型输入。1971~2000 年系列的花园口天然径流量统计见表 3-5。

表 3-5　1971~2000 年系列花园口天然径流量　　（单位：亿 m³）

年份	1971	1972	1973	1974	1975	1976	1977	1978	1979	1980	十年平均
花园口天然径流量	466	417	493	425	691	665	479	518	496	447	509.7
年份	1981	1982	1983	1984	1985	1986	1987	1988	1989	1990	十年平均
花园口天然径流量	635	591	755	668	616	454	434	544	660	512	586.9
年份	1991	1992	1993	1994	1995	1996	1997	1998	1999	2000	十年平均
花园口天然径流量	387	524	515	448	396	458	332	456	466	355	433.7

根据黄河 1971~2000 年水文系列数据分析，1971~1980 年的平均天然径流为 509.7 亿 m³，1981~1990 年的平均天然径流为 586.9 亿 m³，1991~2000 年的平均天然径流为 433.7 亿 m³，30 年平均天然径流量为 510 亿 m³，与全国水资源综合规划黄河流域多年平均天然经流量接近。同时这三个十年系列分别可以代表平水偏枯系列、丰水系列和连续枯水系列。

3.2 模型重要边界设定

3.2.1 国务院分配指标的影响

黄河水资源统一调度是国务院 1987 年分水方案进行分配的，并且考虑黄河不断流的基本要求，对干流几个重要的水文站最小流量进行了限制，要求在用水指标的指导下优化流域的水资源时空配置。1987 年国务院的分水指标见表 3-6。

表 3-6　1987 年国务院的分水指标　　　　　　　　　（单位：亿 m³）

分区	青海	四川	甘肃	宁夏	内蒙古	陕西	山西	河南	山东	流域内合计	天津	总计
分水指标	14.1	0.4	30.4	40.0	58.6	38.0	43.1	55.4	70.0	350.0	20.0	370.0

3.2.2　水量统一调度的影响

自 1999 年起，黄河干流水量统一调度正式实施，在黄河来水持续偏枯甚至是特枯的情况下实现了黄河全年不断流。2006 年 8 月 1 日《黄河水量调度条例》颁布实施，进一步完善了水量调度的分配和管理制度。水量统一调度的影响主要体现在主要控制断面最低下泄流量要求，保证黄河不断流目标要求。

3.2.3　黄河水资源承载状况

反映黄河水资源承载状况指标，其一为黄河当地水资源可开发利用量，主要通过可供水量反映；其二为污染物质入河控制量，拟采用 COD 指标描述。

结合黄河水资源综合规划成果，综合分析，在没有外流域调水情况下，黄河流域多年平均情形下当地水资源可供水量见表 3-7。

表 3-7　黄河流域多年平均情形下当地水资源可供水量　　　　（单位：亿 m³）

分区	地表水 2005 年	地表水 2020 年	地表水 2030 年	地下水 2005 年	地下水 2020 年	地下水 2030 年	合计 2005 年	合计 2020 年	合计 2030 年
青海	15.29	16.19	16.77	4.20	3.69	3.33	19.49	19.88	20.10
甘肃	39.75	39.00	38.50	4.31	5.12	5.66	44.06	44.12	44.16
宁夏	77.28	66.23	60.02	5.34	7.35	8.68	82.62	73.58	68.70
内蒙古	68.32	65.10	63.95	25.74	23.08	23.08	94.06	88.18	87.03
陕西	39.75	42.57	44.46	31.78	29.51	28.51	71.53	72.08	72.97
山西	20.84	33.35	37.67	24.02	21.75	21.08	44.86	55.10	58.75
河南	20.00	29.93	35.57	30.36	27.60	25.75	50.36	57.53	61.32
山东	11.64	11.64	11.64	9.37	10.37	10.87	21.01	22.01	22.51
流域合计	292.87	304.01	308.58	135.12	128.47	126.96	427.99	432.48	435.54

经过水量平衡分析，现状年（2005 年）黄河流域多年平均情形下的地表水供水量为 292.87 亿 m³，2020 年和 2030 年分别为 304.01 亿 m³ 和 308.58 亿 m³。现状地下水供水量 135.12 亿 m³，2020 年和 2030 年分别为 128.47 亿 m³ 和 126.96 亿 m³。也即，黄河水资源可供水量，2020 年和 2030 年分别为 432.48 亿 m³ 和 435.54 亿 m³。

根据黄河水质统计年报等资料，2005 年黄河流域 COD 和氨氮入河量分别为 81.27 万 t 和 10.27 万 t。根据黄河水资源综合规划成果要求，全流域 2020 年和 2030 年 COD 入河控制量分别为 29.50 万 t 和 25.88 万 t，氨氮入河控制量分别为 2.80 万 t 和 2.18 万 t。则至 2020 年和 2030 年，COD 削减量分别为 51.77 万 t、55.39 万 t，氨氮削减量分别为 7.47 万 t、

8.09万t。黄河流域COD和氨氮入河控制量见表3-8。

表3-8 黄河流域COD和氨氮入河控制量   （单位：万t）

分区	COD 入河量 2005年	COD 入河量 2020年	COD 入河量 2030年	COD 削减量 2020年	COD 削减量 2030年	氨氮 入河量 2005年	氨氮 入河量 2020年	氨氮 入河量 2030年	氨氮 削减量 2020年	氨氮 削减量 2030年
青海	3.07	0.97	0.73	2.10	2.34	0.31	0.07	0.05	0.24	0.26
甘肃	7.11	6.61	5.96	0.50	1.15	1.45	0.71	0.58	0.74	0.87
宁夏	15.84	3.07	2.87	12.77	12.97	2.01	0.43	0.37	1.58	1.64
内蒙古	11.09	3.74	3.36	7.35	7.73	0.60	0.32	0.30	0.28	0.30
陕西	17.37	7.22	6.51	10.15	10.86	1.59	0.55	0.45	1.04	1.14
山西	7.99	3.36	2.61	4.63	5.38	1.87	0.34	0.19	1.53	1.68
河南	10.14	3.29	2.91	6.85	7.23	1.69	0.27	0.18	1.42	1.51
山东	8.66	1.24	0.93	7.42	7.73	0.75	0.11	0.06	0.64	0.69
流域合计	81.27	29.50	25.88	51.77	55.39	10.27	2.80	2.18	7.47	8.09

3.2.4 外流域调水量配置方案

根据黄河水利水电勘测设计公司提供的南水北调西线一期工程受水区规划，在调水规模为80亿 m^3 情况下，各省份及河道内用水量水量配置方案见表3-9。

表3-9 西线一期工程工程调入水量配置方案   （单位：亿 m^3）

河道内外	部门或省份		配置水量 计划1	配置水量 计划2	配置水量 计划3
河道外	部门	重点城市	24.3	24.3	24.3
		能源基地	17.9	17.9	17.9
		黑山峡生态灌区	0.9	3.9	8.9
		石羊河	2	4	4
		小计	45.1	50.1	55.1
	省份	青海	5	5	5
		甘肃	10	12	12
		宁夏	9.6	11.6	15.3
		内蒙古	14.2	14.7	15.2
		陕西	4.2	4.7	5.5
		山西	2	2	2
		小计	45	50	55
河道内			35	30	25
合计			80	80	80

考虑引汉济渭工程 2020 年 10 亿 m³、2030 年 15 亿 m³ 的调水量后,黄河流域外流域调水量各省区水量配置方案见表 3-10。

表 3-10　引汉济渭+西线调水工程各省份水量配置方案　　（单位：亿 m³）

配水方案	年份	青海	甘肃	宁夏	内蒙古	陕西	山西	河南	山东	河道外小计	河道内	合计
计划 1	2020	—	—	—	—	10	0	0	0	53	35	88
	2030	5	8	9.6	14.2	19.2	2	0	0	58	35	93
计划 2	2020	—	—	—	—	14.7	2	0	0	56	30	86
	2030	5	8	11.6	14.7	19.7	2	0	0	61	30	91
计划 3	2020	5	8	15.3	15.2	15.5	2	0	0	61	25	86
	2030	5	8	15.3	15.2	20.5	2	0	0	66	25	91

注：石羊河配水不在黄河流域内,故黄河流域内的甘肃省外调水量配置水量为 8 亿 m³。

由于模型采用逐月调度的方法对流域的来水、用水、耗水的月过程进行模拟,因此南水北调一期工程、引汉济渭工程的逐月来水过程也是模型的重要边界条件之一,即在当地水资源的来水总量相同的条件下,不同的来水过程将产生不同的影响后果。本次采用了黄河水利水电勘测设计公司提供的南水北调一期工程的逐月来水过程作为模型的输入,一期调水新增黄河水资源总量 80 亿 m³,其逐月的流量过程见表 3-11。

表 3-11　南水北调一期工程推荐的逐月来水过程　　（单位：m³/s）

项目	6 月	7 月	8 月	9 月	10 月	11 月	12 月	1 月	2 月	3 月	4 月	5 月
平均流量	321.4	325.2	316	318	309.6	262.4	242.4	234	224.6	212.8	0	277.4

引汉济渭工程逐月来水过程采用黄河水利水电勘测设计公司提供 56 年长系列过程。多年平均逐月来水过程见表 3-12。

表 3-12　引汉济渭调水工程推荐的逐月来水过程　　（单位：亿 m³）

总水量	1 月	2 月	3 月	4 月	5 月	6 月	7 月	8 月	9 月	10 月	11 月	12 月
10	0.5912	0.4140	0.6129	0.8630	0.8776	0.7398	1.0628	1.0037	1.0269	1.0293	1.0143	0.7643
15	0.8478	0.6011	0.8878	1.2710	1.3220	1.1141	1.6468	1.5453	1.6116	1.5836	1.4806	1.0883

3.2.5　水库调度规则的设定

水库调度规则对流域水量的调节和分配影响重大,在模型中需要设定水库的调度规则。本章模型中考虑的 9 个水库大多属于肩负供水、发电、防洪防凌的多功能水库,水库的实际调度规则十分复杂,分属不同的部门负责。

为了反映水库实际的调度规则,同时又避免过于复杂使得模型求解困难,本章模型对水库的调度规则进行了如下简化：

1）根据黄河水量统一调度以来,1999～2007 年各水库的实际入流、出流和蓄水量的逐月数据分析,得出了每个水库逐月的最小出流量,作为各水库以后调度的出流量下限。这一规则实际上包含了对发电、防凌等多方面的考虑。

2）限制水库的汛期水位不得高于汛限水位，非汛期水位不得高于最高蓄水位，同时水库的水位不得低于死水位。这一规则包含了对防汛和供水调度的考虑。

3.3 参数率定与设定

3.3.1 节水模式与用水定额

节水模式分三类型，并通过不同的用水定额表征。

1）一般节水模式。主要是在现状节水水平和相应的节水措施基础上，基本保持现有节水投入力度，并考虑20世纪80年代以来用水定额和用水量的变化趋势，所确定的节水模式。

2）强化节水模式。主要是在一般节水的基础上，进一步加大节水投入力度，强化需水管理，抑制需水过快增长，进一步提高用水效率和节水水平等各种措施后，并基本保障生态环境用水需求后所确定的节水模式。该模式总体特点是实施更加严格的强化节水措施，着力调整产业结构，加大节水投资力度。

3）超常节水模式。该模式下，因水资源供给不能满足经济社会发展对水资源的合理需求，因此采用强制措施进行产业结构调整，甚至不惜在很多地区需要强制性地关、转、并、停部分企业，实行最严厉的节水制度，千方百计降低单位产值或产品的用水定额，使经济社会呈胁迫式发展。

节水模式的节水效果可以从节水后的用水定额上得以反映，故模型研究中以不同节水力度下的用水定额表征上述三种节水模型。

黄河流域城乡居民生活定额预测见表3-13。

表3-13 黄河流域城乡生活定额预测　　　　　　（单位：L/d）

省（自治区）	城镇居民定额							农村居民定额			大牲畜	小牲畜
	现状	一般		强化		超强		2005年	2020年	2030年		
	2005年	2020年	2030年	2020年	2030年	2020年	2030年					
青海	104.1	124.3	134.3	119.3	129.3	114.3	124.3	45.7	60.8	70.8	45.0	11.0
甘肃	99.0	121.2	133.0	116.2	128.0	111.2	123.0	35.0	57.5	70.0	40.0	9.0
宁夏	94.1	119.2	129.3	114.2	124.3	109.2	119.3	35.0	57.5	70.0	30.9	9.1
内蒙古	92.8	118.8	129.0	113.7	124.1	108.7	119.1	56.5	71.7	81.7	58.0	11.4
陕西	100.0	120.0	130.0	115.0	125.0	110.0	120.0	38.9	57.5	70.0	29.4	12.6
山西	73.9	108.9	123.8	103.9	118.8	98.9	113.8	39.1	57.5	70.0	37.4	9.5
河南	90.2	119.2	129.2	114.2	124.2	109.2	119.2	50.0	65.0	75.0	50.0	11.7
山东	70.0	105.0	120.0	100.0	115.0	95.0	110.0	60.0	75.0	85.0	40.0	20.0

一般节水情形下的非农产业万元增加值取水量预测见表3-14；强化节水情形下的非农产业万元增加值取水量预测见表3-15；超强节水情形下的非农产业万元增加值取水量预测见表3-16；不同节水情形下的农林渔业亩均需水量预测见表3-17。

表 3-14 一般节水情形下的非农产业万元增加值取水量预测

(单位：m³/万元)

省(自治区)	水平年	煤炭采选业	石油天然气	其他采掘业	食品工业	纺织工业	造纸工业	化学工业	建材工业	冶金工业	机械工业	电子仪表	电力工业	其他工业	建筑业	运输邮电业	住宿餐饮旅游业	其他服务业
青海	2005	178.82	78.08	89.40	122.49	57.30	168.03	158.20	99.20	175.92	50.57	38.13	121.36	69.41	7.92	5.92	32.71	3.78
	2020	59.90	33.95	33.13	40.06	22.09	54.31	51.11	33.95	55.40	17.71	19.34	57.05	38.15	4.84	3.61	20.09	2.35
	2030	31.60	20.49	18.10	20.32	12.35	27.44	25.81	17.58	27.18	9.43	13.12	36.61	27.18	3.49	2.61	14.52	1.69
甘肃	2005	86.20	19.11	71.51	89.80	55.91	169.80	104.20	78.90	89.70	40.65	36.44	80.40	44.62	5.80	4.72	29.84	4.20
	2020	30.10	8.12	25.92	28.84	20.25	51.85	33.59	25.46	27.38	14.78	17.52	37.15	25.10	3.55	2.89	16.76	2.61
	2030	16.00	4.89	14.06	14.50	11.07	25.20	16.72	12.78	13.29	7.89	11.31	23.49	18.00	2.56	2.08	11.41	1.89
宁夏	2005	48.80	17.44	47.56	59.50	30.15	90.10	72.80	39.80	29.64	22.71	19.69	64.72	138.29	3.00	1.77	5.09	1.65
	2020	21.60	8.03	17.98	20.82	11.42	30.22	25.46	15.06	11.22	9.67	10.58	31.13	56.59	1.83	1.09	3.14	1.02
	2030	13.30	5.15	10.03	10.97	6.35	15.52	13.38	8.40	6.18	5.83	7.47	20.15	33.18	1.32	0.78	2.28	0.73
内蒙古	2005	24.40	12.99	41.40	28.80	14.10	76.20	40.00	18.10	24.72	13.84	8.00	70.80	26.84	3.00	1.60	5.01	1.54
	2020	12.70	6.21	16.33	10.51	7.30	26.56	16.43	7.39	10.14	6.12	5.30	32.58	15.69	1.83	0.99	3.10	0.95
	2030	8.70	4.04	9.35	5.66	5.06	14.06	9.52	4.28	5.92	3.77	4.21	20.75	11.58	1.32	0.71	2.23	0.68
陕西	2005	37.50	13.08	30.45	49.00	50.51	100.10	66.20	56.70	27.93	15.07	21.79	68.72	42.00	5.00	4.69	34.54	2.73
	2020	16.80	6.12	12.13	16.52	21.81	32.58	24.28	19.17	10.31	5.30	10.95	30.86	22.81	3.06	2.87	19.40	1.70
	2030	10.50	3.94	7.03	8.58	13.21	16.38	13.29	9.95	5.66	2.83	7.37	19.04	16.12	2.19	2.07	13.21	1.22
山西	2005	38.20	13.93	31.73	38.20	40.50	64.70	58.40	31.00	22.36	15.51	10.10	58.30	25.92	5.20	5.69	28.67	4.66
	2020	17.60	6.66	12.96	13.33	19.44	23.55	22.91	11.77	8.49	6.12	6.12	25.83	15.69	3.18	3.49	16.10	2.89
	2030	11.20	4.28	7.64	7.03	12.69	12.78	13.03	6.52	4.72	3.52	4.63	16.04	12.01	2.29	2.50	10.96	2.09
河南	2005	36.40	16.44	27.50	37.90	22.59	50.40	46.60	21.00	19.17	11.70	10.89	61.75	9.08	5.00	4.70	31.80	3.07
	2020	16.80	7.58	11.77	13.24	11.77	18.35	19.07	8.31	7.39	4.29	6.57	27.38	5.94	3.06	2.88	17.86	1.90
	2030	10.70	4.80	7.03	7.03	7.98	9.95	11.14	4.72	4.11	2.32	5.06	16.89	4.80	2.19	2.08	12.15	1.39
山东	2005	19.90	8.62	16.49	24.20	9.35	28.20	26.40	8.00	12.14	10.08	5.78	34.30	11.50	3.00	1.75	4.05	1.15
	2020	10.40	4.29	7.94	9.50	5.66	13.05	12.69	3.83	5.38	4.47	3.65	16.43	7.30	1.83	1.07	2.50	0.72
	2030	7.10	2.92	5.15	5.49	4.28	8.23	8.32	2.49	3.34	2.75	2.83	10.73	5.66	1.32	0.77	1.82	0.51

第3章 | 黄河流域水资源整体模型与情景设置

表 3-15　强化节水情形下的非农产业万元增加值取水量预测

(单位：m³/万元)

省(自治区)	水平年	煤炭采选业	石油天然气	其他采掘业	食品工业	纺织工业	造纸工业	化学工业	建材工业	冶金工业	机械工业	电子仪表	电力工业	其他工业	建筑业	运输邮电业	住宿餐饮旅游业	其他服务业
青海	2005	178.82	78.08	89.40	122.49	57.30	168.03	158.20	99.20	175.92	50.57	38.13	121.36	69.41	7.92	5.92	32.71	3.78
	2020	57.20	32.42	31.64	38.26	21.10	51.87	48.81	32.42	52.91	16.91	18.47	54.48	36.43	4.62	3.45	19.19	2.24
	2030	29.23	18.95	16.74	18.80	11.42	25.38	23.87	16.26	25.14	8.72	12.14	33.86	25.14	3.23	2.41	13.43	1.56
甘肃	2005	86.20	19.11	71.51	89.80	55.91	169.80	104.20	78.90	89.70	40.65	36.44	80.40	44.62	5.80	4.72	29.84	4.20
	2020	28.75	7.75	24.75	27.54	19.34	49.52	32.08	24.31	26.15	14.11	16.73	35.48	23.97	3.39	2.76	16.01	2.49
	2030	14.80	4.52	13.01	13.41	10.24	23.31	15.47	11.82	12.29	7.30	10.46	21.73	16.65	2.37	1.92	10.55	1.75
宁夏	2005	48.80	17.44	47.56	59.50	30.15	90.10	72.80	39.80	29.64	22.71	19.69	64.72	138.29	3.00	1.77	5.09	1.65
	2020	20.63	7.67	17.17	19.88	10.91	28.86	24.31	14.38	10.72	9.23	10.10	29.73	54.04	1.75	1.04	3.00	0.97
	2030	12.30	4.76	9.28	10.15	5.87	14.36	12.38	7.77	5.72	5.39	6.91	18.64	30.69	1.22	0.72	2.11	0.68
内蒙古	2005	24.40	12.99	41.40	28.80	14.10	76.20	40.00	18.10	24.72	13.84	8.00	70.80	26.84	3.00	1.60	5.01	1.54
	2020	12.13	5.93	15.60	10.04	6.97	25.36	15.69	7.06	9.68	5.84	5.06	31.11	14.98	1.75	0.95	2.96	0.91
	2030	8.05	3.74	8.65	5.24	4.68	13.01	8.81	3.96	5.48	3.49	3.89	19.19	10.71	1.22	0.66	2.06	0.63
陕西	2005	37.50	13.08	30.45	49.00	50.51	100.10	66.20	56.70	27.93	15.07	21.79	68.72	42.00	5.00	4.69	34.54	2.73
	2020	16.04	5.84	11.58	15.78	20.83	31.11	23.19	18.31	9.85	5.06	10.46	29.47	21.78	2.92	2.74	18.53	1.62
	2030	9.71	3.64	6.50	7.94	12.22	15.15	12.29	9.20	5.24	2.62	6.82	17.61	14.91	2.03	1.91	12.22	1.13
山西	2005	38.20	13.93	31.73	38.20	40.50	64.70	58.40	31.00	22.36	15.51	10.10	58.30	25.92	5.20	5.69	28.67	4.66
	2020	16.81	6.36	12.38	12.73	18.57	22.49	21.88	11.24	8.11	5.84	5.84	24.67	14.98	3.04	3.33	15.38	2.76
	2030	10.36	3.96	7.07	6.50	11.74	11.82	12.05	6.03	4.37	3.26	4.28	14.84	11.11	2.12	2.31	10.14	1.93
河南	2005	36.40	16.44	27.50	37.90	22.59	50.40	46.60	21.00	19.17	11.70	10.89	61.75	9.08	5.00	4.70	31.80	3.07
	2020	16.04	7.24	11.24	12.64	11.24	17.52	18.21	7.94	7.06	4.10	6.27	26.15	5.67	2.92	2.75	17.06	1.81
	2030	9.90	4.44	6.50	6.50	7.38	9.20	10.30	4.37	3.80	2.15	4.68	15.62	4.44	2.03	1.92	11.24	1.29
山东	2005	19.90	8.62	16.49	24.20	9.35	28.20	26.40	8.00	12.14	10.08	5.78	34.30	11.50	3.00	1.75	4.05	1.15
	2020	9.93	4.10	7.58	9.07	5.41	12.46	12.12	3.66	5.14	4.27	3.49	15.69	6.97	1.75	1.02	2.39	0.69
	2030	6.57	2.70	4.76	5.08	3.96	7.61	7.70	2.30	3.09	2.54	2.62	9.93	5.24	1.22	0.71	1.68	0.47

| 45 |

表 3-16 超强节水情形下的非农产业万元增加值取水量预测

(单位：m³/万元)

省(自治区)	水平年	煤炭采选业	石油天然气	其他采掘业	食品工业	纺织工业	造纸工业	化学工业	建材工业	冶金工业	机械工业	电子仪表	电力工业	其他工业	建筑业	运输邮电业	住宿餐饮旅游业	其他服务业
青海	2005	178.82	78.08	89.40	122.49	57.30	168.03	158.20	99.20	175.92	50.57	38.13	121.36	69.41	7.92	5.92	32.71	3.78
	2020	54.63	30.96	30.22	36.54	20.15	49.54	46.61	30.96	50.53	16.15	17.64	52.03	34.79	4.41	3.29	18.33	2.14
	2030	27.04	17.53	15.48	17.39	10.56	23.48	22.08	15.04	23.25	8.07	11.23	31.32	23.25	2.99	2.23	12.42	1.44
甘肃	2005	86.20	19.11	71.51	89.80	55.91	169.80	104.20	78.90	89.70	40.65	36.44	80.40	44.62	5.80	4.72	29.84	4.20
	2020	27.46	7.40	23.64	26.30	18.47	47.29	30.64	23.22	24.97	13.48	15.98	33.88	22.89	3.24	2.64	15.29	2.38
	2030	13.69	4.18	12.03	12.40	9.47	21.56	14.31	10.93	11.37	6.75	9.68	20.10	15.40	2.19	1.78	9.76	1.62
宁夏	2005	48.80	17.44	47.56	59.50	30.15	90.10	72.80	39.80	29.64	22.71	19.69	64.72	138.29	3.00	1.77	5.09	1.65
	2020	19.70	7.32	16.40	18.99	10.42	27.56	23.22	13.73	10.24	8.81	9.65	28.39	51.61	1.67	0.99	2.87	0.93
	2030	11.38	4.40	8.58	9.39	5.43	13.28	11.45	7.19	5.29	4.99	6.39	17.24	28.39	1.13	0.67	1.95	0.63
内蒙古	2005	24.40	12.99	41.40	28.80	14.10	76.20	40.00	18.10	24.72	13.84	8.00	70.80	26.84	3.00	1.60	5.01	1.54
	2020	11.58	5.66	14.90	9.59	6.66	24.22	14.98	6.74	9.24	5.58	4.83	29.71	14.31	1.67	0.91	2.83	0.87
	2030	7.45	3.46	8.00	4.85	4.33	12.03	8.15	3.66	5.07	3.23	3.60	17.75	9.91	1.13	0.61	1.91	0.58
陕西	2005	37.50	13.08	30.45	49.00	50.51	100.10	66.20	56.70	27.93	15.07	21.79	68.72	42.00	5.00	4.69	34.54	2.73
	2020	15.32	5.58	11.06	15.07	19.89	29.71	22.15	17.49	9.41	4.83	9.99	28.14	20.80	2.79	2.62	17.70	1.55
	2030	8.98	3.37	6.01	7.34	11.30	14.01	11.37	8.51	4.85	2.42	6.31	16.29	13.79	1.88	1.77	11.30	1.05
山西	2005	38.20	13.93	31.73	38.20	40.50	64.70	58.40	31.00	22.36	15.51	10.10	58.30	25.92	5.20	5.69	28.67	4.66
	2020	16.05	6.07	11.82	12.16	17.73	21.48	20.90	10.73	7.75	5.58	5.58	23.56	14.31	2.90	3.18	14.69	2.64
	2030	9.58	3.66	6.54	6.01	10.86	10.93	11.15	5.58	4.04	3.02	3.96	13.73	10.28	1.96	2.14	9.38	1.79
河南	2005	36.40	16.44	27.50	37.90	22.59	50.40	46.60	21.00	19.17	11.70	10.89	61.75	9.08	5.00	4.70	31.80	3.07
	2020	15.32	6.91	10.73	12.07	10.73	16.73	17.39	7.58	6.74	3.92	5.99	24.97	5.41	2.79	2.63	16.29	1.73
	2030	9.16	4.11	6.01	6.01	6.83	8.51	9.53	4.04	3.52	1.99	4.33	14.45	4.11	1.88	1.78	10.40	1.19
山东	2005	19.90	8.62	16.49	24.20	9.35	28.20	26.40	8.00	12.14	10.08	5.78	34.30	11.50	3.00	1.75	4.05	1.15
	2020	9.48	3.92	7.24	8.66	5.17	11.90	11.57	3.50	4.91	4.08	3.33	14.98	6.66	1.67	0.97	2.28	0.66
	2030	6.08	2.50	4.40	4.70	3.66	7.04	7.12	2.13	2.86	2.35	2.42	9.19	4.85	1.13	0.66	1.55	0.43

第3章 黄河流域水资源整体模型与情景设置

表 3-17 黄河流域不同节水情形下的农林渔业亩均需水量预测

(单位：m³/亩)

分类	省（自治区）	现状 2005年	一般节水 2020年	一般节水 2030年	强化节水 2020年	强化节水 2030年	超强节水 2020年	超强节水 2030年
水田	青海	0.0	0.0	0.0	0.0	0.0	0.0	0.0
水田	甘肃	1000.0	950.2	875.1	931.6	849.6	917.6	828.4
水田	宁夏	2101.3	1855.1	1551.1	1818.7	1505.9	1791.4	1468.3
水田	内蒙古	800.0	760.4	700.0	745.4	679.6	734.2	662.7
水田	陕西	770.7	665.1	612.5	652.3	594.7	642.3	579.8
水田	山西	500.7	475.6	438.0	466.3	425.3	459.3	414.7
水田	河南	590.2	566.0	521.2	554.8	506.0	546.5	493.4
水田	山东	600.0	570.1	525.0	558.9	509.7	550.5	497.0
水浇地	青海	425.4	405.6	392.6	397.7	381.2	391.7	371.7
水浇地	甘肃	328.8	315.8	306.6	309.6	297.6	305.0	290.2
水浇地	宁夏	727.8	646.7	602.1	634.0	584.6	624.5	570.0
水浇地	内蒙古	424.0	405.2	393.5	397.2	382.1	391.3	372.6
水浇地	陕西	225.0	218.7	214.8	214.5	208.6	211.2	203.4
水浇地	山西	220.0	214.4	210.0	210.2	203.9	207.0	198.8
水浇地	河南	254.4	242.3	235.4	237.5	228.6	234.0	222.9
水浇地	山东	220.0	214.4	210.0	210.2	203.9	207.0	198.8
菜田	青海	697.7	630.8	587.0	618.4	570.0	609.1	555.7
菜田	甘肃	530.4	493.2	468.2	483.5	454.6	476.2	443.2
菜田	宁夏	773.6	658.7	602.5	645.8	584.9	636.1	570.2
菜田	内蒙古	543.8	498.2	467.0	488.4	453.4	481.1	442.1
菜田	陕西	440.8	414.4	398.1	406.3	386.4	400.2	376.7
菜田	山西	311.2	298.0	288.7	292.2	280.3	287.8	273.3
菜田	河南	456.1	435.2	420.4	426.7	408.2	420.3	398.0
菜田	山东	300.0	292.4	286.5	286.7	278.2	282.4	271.2

分类	省（自治区）	现状 2005年	一般节水 2020年	一般节水 2030年	强化节水 2020年	强化节水 2030年	超强节水 2020年	超强节水 2030年
林地	青海	448.0	436.6	427.8	424.0	407.4	417.6	397.3
林地	甘肃	200.0	199.8	199.7	194.0	190.2	191.1	185.4
林地	宁夏	280.8	275.1	271.1	267.1	258.1	263.1	251.6
林地	内蒙古	359.4	351.2	347.9	340.9	331.2	335.8	322.9
林地	陕西	215.0	211.7	209.4	205.5	199.4	202.4	194.4
林地	山西	162.0	161.4	162.2	156.7	154.6	154.3	150.7
林地	河南	153.8	155.6	156.7	151.1	149.3	148.8	145.5
林地	山东	150.0	152.3	153.8	147.9	146.5	145.7	142.8
草地	青海	364.7	330.0	336.3	320.4	320.2	315.3	312.2
草地	甘肃	200.0	202.9	204.8	197.0	195.0	194.0	190.1
草地	宁夏	260.1	257.1	257.9	249.6	245.6	245.8	239.5
草地	内蒙古	312.9	307.5	304.1	298.6	289.7	294.1	282.4
草地	陕西	238.3	284.4	304.0	276.1	290.2	271.9	282.9
草地	山西	261.0	251.5	248.7	244.1	236.9	240.4	230.9
草地	河南	0.0	0.0	0.0	0.0	0.0	0.0	0.0
草地	山东	199.8	203.0	205.0	197.0	195.0	194.0	190.0
鱼塘	青海	1150.0	1120.0	1100.0	1120.0	1100.0	1120.0	1100.0
鱼塘	甘肃	929.2	947.0	901.0	947.0	901.2	947.0	901.2
鱼塘	宁夏	1496.3	1350.0	1250.0	1350.0	1250.0	1350.0	1250.0
鱼塘	内蒙古	800.0	770.0	750.0	770.0	750.0	770.0	750.0
鱼塘	陕西	533.1	518.6	507.5	518.6	507.5	518.6	507.5
鱼塘	山西	548.2	504.2	492.5	504.2	492.5	504.2	492.5
鱼塘	河南	617.4	601.5	591.5	601.5	591.5	601.5	591.5
鱼塘	山东	500.0	485.0	475.0	485.0	475.0	485.0	475.0

3.3.2 治污情景及其表征参数

治污模式分三类，通过污水处理率、污水处理后的回用率两个指标表征。

1）一般治污模式：在现状治污水平和相应的污水处理厂建设等措施基础上，基本保持现有治污投入力度、并保证污染物质入河量不增加为约束的治污模式。

2）强化治污模式：在一般治污模式基础上，以满足黄河水功能区纳污能力和各区域规划的污染物入河控制量为约束，进一步加大水污染治理力度和回用水平。该模式总体特点是实施严格的治污措施和考核目标要求，加大水污染治理的投资力度。

3）超强治污模式：在强化治污模式基础上，继续加大治污力度，除了满足水环境目标要求外，应继续改善水环境质量，并以增加回用水量、增加黄河水资源供给能力为重点。该模式总体特点是实施更加严格环境调控措施，付出更大的水污染治理和回用的投资水平。

反映污水治理模式主要由污水处理率和污水处理后的回用率来表征。不同情景污水处理率与回用率情景设定见表3-18。

表3-18 黄河流域治污指标情景设定   （单位:%）

表征指标	一般治污		强化治污		超强治污	
	2020年	2030年	2020年	2030年	2020年	2030年
污水处理率	55	70	65	85	80	95
处理回用率	20	30	30	35	35	40

黄河流域非农产业及城镇居民COD排放强度预测见表3-19；黄河流域非农产业及城镇居民氨氮排放强度预测见表3-20。

3.3.3 水投资参数

随着节水深度和难度的加大，单方节水投资成增加趋势。因统计资料缺乏，参考国内相关节水投资资料，初步假设黄河流域单方节水投资情景设定见表3-21。

为了简化计算，污水处理投资主要通过标准污水处理厂（日污水处理能力10万t）单位投资体现。一个标准污水处理厂设定为5亿元投资额，包括污水处理厂建设投资以及相关（污水管网收集系统等）配套投资。

无论是当地地表水开发、地下水开采，污水处理回用还是外流域调水等增加供水量措施，均需要大量资金投入，且随着力度加大，其边际投资也越大。从宏观研究层面可以简化处理，2020年新增当地地表水供水投资为12.5元/m^3，2030年为17.5元/m^3；新增回用水投资2020年为15元/m^3，2030年为20元/m^3；新增地下水供水投资2020年为7.5元/m^3，2030年为10元/m^3；新增外调水供水投资2020年为20元/m^3，2030年为30元/m^3。

第3章 | 黄河流域水资源整体模型与情景设置

表3-19 黄河流域各部门COD排放强度预测

(单位: kg/万元)

水平年	分区	煤炭采选业	石油天然气	其他采掘业	食品工业	纺织工业	造纸工业	化学工业	建材工业	冶金工业	机械工业	电子仪表	电力工业	其他工业	建筑业	运输邮电业	住宿餐饮旅游业	其他服务业	城镇生活/(g/人·d)
2005	黄河流域	2.60	1.20	8.00	10.30	6.50	56.80	6.40	1.30	1.30	0.40	0.30	4.00	11.10	0.60	0.80	3.70	1.00	14.40
	青海	13.16	5.66	45.45	74.00	43.18	394.20	37.50	8.57	6.15	3.24	2.23	16.65	102.65	0.50	0.80	8.17	1.00	11.08
	甘肃	3.16	1.36	10.91	17.77	10.36	94.63	9.01	2.05	1.48	0.78	0.53	4.00	24.64	1.00	1.20	11.72	1.50	22.10
	宁夏	8.89	3.83	30.72	50.00	29.17	266.39	25.34	5.79	4.15	2.19	1.50	11.26	69.38	1.00	1.50	18.84	2.00	54.96
	内蒙古	3.26	1.40	11.25	18.31	10.68	97.52	9.27	2.12	1.52	0.80	0.55	4.12	25.40	0.50	0.50	0.57	0.50	11.28
	陕西	1.73	0.75	5.97	9.73	5.68	51.81	4.93	1.13	0.81	0.43	0.29	2.19	13.50	0.50	0.80	2.87	1.00	14.03
	山西	2.38	1.02	8.22	13.38	7.80	71.26	6.78	1.55	1.11	0.59	0.41	3.01	18.56	0.50	0.60	2.17	1.00	6.52
	河南	0.73	0.31	2.35	3.82	2.23	20.35	1.94	0.45	0.34	0.18	0.12	0.92	5.30	1.00	1.00	5.31	1.50	17.11
	山东	1.33	0.57	4.61	7.50	4.39	39.97	3.80	0.87	0.62	0.33	0.22	1.68	10.41	0.50	0.50	1.71	0.60	4.89
2020	黄河流域	1.30	0.60	3.10	4.60	3.00	17.30	3.00	0.70	0.70	0.20	0.20	2.10	4.90	0.30	0.40	1.20	0.50	11.60
	青海	3.47	2.07	7.27	9.98	9.66	37.60	6.00	2.66	2.24	1.63	1.31	7.13	16.42	0.24	0.39	2.54	0.48	8.50
	甘肃	1.35	0.68	3.98	5.98	4.10	29.38	3.86	1.03	0.74	0.39	0.27	1.71	8.99	0.50	0.60	3.64	0.48	16.96
	宁夏	3.81	1.92	13.15	18.24	12.48	25.41	10.85	2.90	2.08	1.10	0.88	5.64	21.54	0.50	0.75	5.85	0.48	42.17
	内蒙古	1.63	0.70	4.81	7.84	4.57	25.73	4.65	1.06	0.76	0.40	0.27	1.76	10.87	0.25	0.25	0.18	0.48	8.66
	陕西	0.87	0.37	2.99	4.51	2.63	16.09	2.47	0.57	0.41	0.21	0.15	1.10	4.19	0.25	0.40	0.89	0.48	10.76
	山西	1.02	0.51	3.81	5.72	3.62	22.13	2.90	0.78	0.56	0.29	0.20	1.51	7.94	0.25	0.30	0.67	0.48	5.00
	河南	0.36	0.16	1.18	1.92	1.12	8.71	0.97	0.23	0.17	0.09	0.06	0.46	2.66	0.50	0.50	1.65	0.48	13.13
	山东	0.57	0.29	1.97	2.74	2.20	17.11	1.90	0.44	0.31	0.17	0.11	0.84	4.45	0.25	0.25	0.53	0.48	3.76
2030	黄河流域	1.00	0.40	2.10	3.20	2.20	10.30	2.20	0.50	0.60	0.20	0.10	1.60	3.30	0.16	0.30	0.70	0.40	10.40
	青海	1.64	1.21	2.47	3.03	4.08	9.07	2.03	1.40	1.31	1.17	1.04	4.62	5.57	0.36	0.25	1.33	0.32	7.59
	甘肃	0.88	0.49	2.32	3.31	2.52	15.41	2.50	0.74	0.53	0.28	0.19	1.11	5.24	0.36	0.43	1.91	0.32	15.15
	宁夏	2.47	1.38	8.52	10.64	8.09	6.13	7.02	2.08	1.49	0.79	0.70	4.05	11.30	0.50	0.54	3.07	0.32	37.66
	内蒙古	1.17	0.51	3.12	5.08	2.96	12.12	3.34	0.76	0.55	0.29	0.20	1.14	7.04	0.18	0.18	0.09	0.32	7.73
	陕西	0.62	0.27	2.15	3.08	1.79	8.44	1.78	0.41	0.29	0.15	0.11	0.79	2.20	0.18	0.29	0.47	0.32	9.60
	山西	0.66	0.37	2.60	3.71	2.47	11.60	1.88	0.56	0.40	0.21	0.15	1.09	5.14	0.18	0.22	0.35	0.32	4.47
	河南	0.26	0.11	0.85	1.38	0.80	5.64	0.70	0.16	0.12	0.06	0.04	0.33	1.91	0.36	0.36	0.87	0.32	11.73
	山东	0.37	0.21	1.28	1.60	1.58	11.08	1.37	0.32	0.22	0.12	0.08	0.61	2.88	0.18	0.18	0.28	0.32	3.36

表 3-20 黄河流域各部门氨氮排放强度

(单位：kg/万元)

水平年	分区	煤炭采选业	石油天然气	其他采掘业	食品工业	纺织工业	造纸工业	化学工业	建材工业	冶金工业	机械工业	电子仪表	电力工业	其他工业	建筑业	运输邮电业	住宿餐饮旅游业	其他服务业	城镇生活/(g/人·d)
2005	黄河流域	0.117	0.285	0.210	0.787	0.412	1.667	2.026	0.038	0.199	0.031	0.027	0.163	0.888	0.053	0.068	0.580	0.145	1.382
	青海	0.310	0.827	0.758	3.963	1.896	6.893	7.100	0.138	0.586	0.138	0.103	0.448	3.964	0.050	0.050	1.040	0.150	1.411
	甘肃	0.176	0.469	0.422	2.209	1.067	3.850	3.973	0.076	0.322	0.076	0.047	0.246	2.209	0.100	0.100	1.054	0.200	2.448
	宁夏	0.281	0.762	0.684	3.581	1.726	6.234	6.435	0.122	0.525	0.122	0.079	0.403	3.580	0.100	0.200	2.826	0.300	7.880
	内蒙古	0.037	0.100	0.088	0.463	0.223	0.804	0.830	0.016	0.068	0.016	0.010	0.053	0.463	0.010	0.030	0.290	0.050	0.228
	陕西	0.062	0.155	0.155	0.807	0.372	1.396	1.427	0.031	0.124	0.031	0.031	0.093	0.807	0.010	0.050	0.487	0.150	0.682
	山西	0.174	0.471	0.418	2.161	1.046	3.765	3.887	0.070	0.314	0.070	0.052	0.244	2.161	0.050	0.050	0.393	0.150	0.876
	河南	0.045	0.119	0.106	0.554	0.267	0.964	0.997	0.020	0.082	0.020	0.012	0.062	0.554	0.100	0.100	0.606	0.200	1.913
	山东	0.032	0.095	0.085	0.434	0.212	0.752	0.773	0.011	0.064	0.011	0.011	0.053	0.434	0.050	0.050	0.508	0.100	0.539
2020	黄河流域	0.051	0.128	0.085	0.321	0.181	0.489	0.872	0.018	0.097	0.015	0.014	0.077	0.373	0.026	0.034	0.181	0.072	1.166
	青海	0.079	0.294	0.118	0.519	0.412	0.638	1.104	0.042	0.208	0.068	0.058	0.186	0.616	0.025	0.025	0.323	0.072	1.002
	甘肃	0.075	0.235	0.154	0.744	0.421	1.195	1.701	0.038	0.161	0.038	0.024	0.105	0.806	0.050	0.050	0.328	0.072	1.740
	宁夏	0.120	0.382	0.292	1.306	0.739	0.595	2.754	0.061	0.263	0.061	0.046	0.202	1.112	0.050	0.100	0.878	0.072	5.601
	内蒙古	0.019	0.050	0.038	0.198	0.096	0.212	0.416	0.008	0.034	0.008	0.005	0.022	0.198	0.005	0.015	0.090	0.072	0.162
	陕西	0.031	0.077	0.077	0.373	0.172	0.433	0.715	0.015	0.062	0.015	0.015	0.046	0.250	0.005	0.025	0.151	0.072	0.485
	山西	0.073	0.230	0.188	0.901	0.472	1.137	1.620	0.034	0.153	0.034	0.025	0.119	0.901	0.025	0.025	0.122	0.072	0.623
	河南	0.023	0.060	0.053	0.278	0.134	0.412	0.499	0.010	0.041	0.010	0.006	0.031	0.278	0.050	0.050	0.188	0.072	1.360
	山东	0.013	0.048	0.036	0.159	0.106	0.322	0.387	0.006	0.033	0.006	0.006	0.027	0.186	0.025	0.025	0.158	0.072	0.383
2030	黄河流域	0.034	0.087	0.055	0.206	0.120	0.268	0.580	0.013	0.068	0.011	0.010	0.053	0.239	0.019	0.024	0.095	0.047	0.897
	青海	0.037	0.172	0.040	0.157	0.174	0.154	0.374	0.022	0.121	0.049	0.046	0.121	0.209	0.016	0.016	0.170	0.047	0.850
	甘肃	0.049	0.169	0.090	0.411	0.259	0.627	1.102	0.027	0.116	0.027	0.017	0.068	0.470	0.036	0.036	0.172	0.047	1.477
	宁夏	0.077	0.275	0.189	0.761	0.479	0.144	1.784	0.044	0.189	0.044	0.037	0.145	0.583	0.036	0.072	0.460	0.047	4.755
	内蒙古	0.013	0.035	0.024	0.125	0.060	0.097	0.291	0.006	0.024	0.006	0.003	0.014	0.125	0.003	0.011	0.047	0.047	0.137
	陕西	0.022	0.055	0.055	0.254	0.117	0.227	0.514	0.011	0.045	0.011	0.011	0.033	0.131	0.003	0.018	0.079	0.047	0.412
	山西	0.047	0.165	0.128	0.584	0.322	0.596	1.049	0.024	0.110	0.024	0.018	0.086	0.584	0.018	0.018	0.064	0.047	0.529
	河南	0.016	0.043	0.038	0.200	0.096	0.267	0.359	0.007	0.029	0.007	0.004	0.022	0.200	0.036	0.036	0.098	0.047	1.154
	山东	0.008	0.034	0.024	0.093	0.076	0.209	0.278	0.004	0.024	0.004	0.004	0.020	0.121	0.018	0.018	0.083	0.047	0.325

表 3-21　黄河流域单方节水投资情景设定　　　　　　　　（单位：元/m³）

用户	一般节水 2020 年	一般节水 2030 年	强化节水 2020 年	强化节水 2030 年	超强节水 2020 年	超强节水 2030 年
非农业	12.5	17.5	15	22.5	20	30
农业	7.5	12	9.5	15	11.5	18
生活	5.5	10	7	12.5	8.5	15

3.3.4　宏观经济调控参数

根据模型体系及其方程描述式可知，对模型计算结果有较大影响的主要调控参数包括：宏观经济类的投资率与消费率；农业生产方程中的人均粮食产量及亩均粮食产量；新增供水量单方投资等。

根据投入产出表数据统计分析，2005 年黄河流域内各省区积累率、投资率、消费率差异较大，从总体看，这些地区经济建设投资规模十分庞大，积累率、投资率均处于相当高的水平。根据宏观经济发展趋势，结合国家及有关省份宏观经济政策及国际发展规律，对 2020 年、2030 年各省份积累率、投资率、消费率及贸易程度进行设定，见表 3-22。总体趋势是积累率和投资率趋于下降，消费率应维持在 50% 以上。2030 年区域调入调出贸易基本平衡。

表 3-22　黄河流域各省份宏观经济调控参数上限设定　　　　　　　（单位:%）

指标	水平年	青海	甘肃	宁夏	内蒙古	陕西	山西	河南	山东
积累率	2005	62.4	45.0	78.5	72.5	56.0	47.3	48.9	49.9
积累率	2020	54.9	49.6	57.2	51.4	50.6	48.0	48.0	48.0
积累率	2030	49.6	50.0	50.2	48.8	48.1	47.1	47.5	47.5
投资率	2005	58.3	42.0	72.3	62.2	51.1	44.2	47.9	44.8
投资率	2020	53.6	48.6	56.1	50.3	49.3	47.1	47.1	47.1
投资率	2030	48.8	49.0	49.2	47.8	47.1	46.1	46.6	46.6
消费率	2005	54.1	67.3	64.5	45.8	46.4	49.1	52.0	44.8
消费率	2020	52.2	56.8	53.3	49.4	49.8	51.1	51.6	49.7
消费率	2030	51.7	51.2	52.0	51.9	51.2	51.8	51.2	51.6

黄河流域是我国重要的粮食产区，模型对粮食生产有基本要求。2005 年黄河流域人均粮食产量 391kg，按照 360~400kg 自给水平要求看，黄河流域粮食产量从流域尺度看也仅仅是自给。其中，青海、山西和甘肃人均粮食产量比较低，而宁夏、内蒙古、河南和山东则比较高。本模型体系中粮食产量是目标之一，为此，设定各水平年各省份粮食产量有最低要求，总体是确保黄河流域粮食产量自给有余。但不要求各省份均自给。黄河流域各省

份粮食产量基本设定见表 3-23。

表 3-23　黄河流域各省份粮食产量基本设定

省（自治区）	最低要求的人均粮食产量/kg			亩均粮食产量/kg				
^	^		^	水田		水浇地		旱地	
^	2005 年	2020 年	2030 年	2020 年	2030 年	2020 年	2030 年	2020 年	2030 年
青海	181	200	210	—	—	615	620	145	150
甘肃	282	285	285	735	750	525	525	155	165
宁夏	1006	825	725	806	810	733	735	200	210
内蒙古	625	500	500	725	735	485	500	160	170
陕西	342	330	330	740	750	530	550	165	175
山西	276	300	310	630	650	430	440	135	150
河南	454	460	460	806	810	620	630	200	205
山东	409	400	400	815	825	680	700	240	250

黄河流域能源地位突出，本研究对能源工业发展主要通过各省区能源工业占 GDP 的最小比重设置体现能源工业的发展要求。对于第三产业，因其耗水定额低且产出率高，采取其增加值占 GDP 比重上限方式控制其发展规模。黄河流域各省份产业结构基本设定见表 3-24。

表 3-24　黄河流域各省份产业结构基本设定　　　　　　　（单位:%）

省（自治区）	能源工业占 GDP 最低比重			第三产业占 GDP 比重上限		
^	2005 年	2020 年	2030 年	2005 年	2020 年	2030 年
青海	12.8	12.3	11.8	46.50	50.75	52.50
甘肃	13.9	13.4	12.9	47.00	51.50	52.50
宁夏	17.7	18.8	19.0	41.70	49.50	51.00
内蒙古	14.1	14.7	14.6	45.90	51.00	52.50
陕西	13.7	14.3	14.2	38.90	48.50	52.00
山西	20.9	21.3	21.4	43.80	49.50	52.00
河南	9.6	9.8	9.8	30.90	47.00	52.00
山东	8.9	7.0	6.0	37.40	48.00	53.00

3.4　模型的验证

模型本身的校核主要是通过模拟 1998～2007 年的实际情况，验证模型的可靠性。模型本身的验证主要包括水量平衡关系和水资源利用关系两个方面。

3.4.1 水量平衡关系验证

各单元以及整个流域的水量平衡验证。主要用来验证模型单元之间的空间拓扑关系的正确性，即单元节点相互之间的水力联系的正确性。1997～2007年逐月实际发生的各单元的入流量、天然径流量、蓄变量、耗水量（地表水）和出流量，满足下列的平衡关系：

$$W_{outflow} = W_{inflow} + W_{runoff} - \Delta W_{store} - W_{use}$$

式中，$W_{outflow}$ 为单元的出流；W_{inflow} 为单元的入流；W_{runoff} 为单元的区间天然径流量；ΔW_{store} 为单元河道和水库的蓄变量增值；W_{use} 为单元的地表水耗水量。

对于出流量，采用水文站的实测流量进行校核，得到的各校核单元出流量与相应的水文站1997～2007年逐月实测流量数据一致。

3.4.2 水资源利用关系验证

水资源利用关系验证包括各单元以及整个流域的经济社会发展指标的验证，主要验证包括农业、工业、生活在内的定额-耗水量-指标总量关系的正确性。

经过不断地调整、修改和验证后，本章模型可以非常准确的模拟1997～2007年流域的整个经济社会发展和水量调度过程，达到各水文站的计算流量与实测流量一致、各单元的经济社会发展与实际调查指标一致的基本要求。用于水量平衡校核的单元与水文站对应关系见表3-25。

表 3-25 用于水量平衡校核的单元与水文站对应关系

单元编码	所属三级区	省（自治区）	对应的校核水文站
D010200QH	玛曲至龙羊峡	青海	唐乃亥站
D020400GS	龙羊峡至兰州干流区	甘肃	兰州站
D030100NX	兰州至下河沿	宁夏	下河沿站
D030300NM	下河沿至石嘴山	内蒙古	石嘴山站
D030500NM	石嘴山至河口镇南岸	内蒙古	头道拐站
D040100SX	河口镇至龙门左岸	山西	—
D040200SH	吴堡以上右岸	陕西	龙门站
D040300SH	吴堡以下右岸	陕西	—
D050100SX	汾河	山西	河津
D050200SH	北洛河状头以上	陕西	状头站
D050600SH	咸阳至潼关	陕西	华县站
D050700HN	龙门至三门峡干流区间	河南	三门峡站
D060100HN	三门峡至小浪底区间	河南	小浪底站
D060200HN	沁丹河	河南	武陟站
D060300HN	伊洛河	河南	黑石关站

续表

单元编码	所属三级区	省（自治区）	对应的校核水文站
D060400HN	小浪底至花园口区间干流区间	河南	花园口
D070300HN	花园口以下干流区	河南	高村站
D070300SD	花园口以下干流区	山东	利津

3.5 情景方案设置

水资源与社会经济协调发展情景分析，拟从节水、治污和外调水三大方面设定情景方案。其中，节水3套情景（一般节水、强化节水、超强节水）、治污与回用3套情景（一般治污、强化治污、超强治污）、调水4套情景（无调水、调水计划1、调水计划2、调水计划3），由此组合36套情景方案。方案编码见表3-26。

表3-26 情景方案编码

节水	节水编码	治污	治污编码	调水	调水编码	情景方案代码
一般节水	0	一般治污	0	无调水	0	节水代码+治污代码+调水代码
强化节水	1	强化治污	1	计划1	1	如：000代表一般节水一般治污无调水
超强节水	2	超强治污	2	计划2	2	111代表强化节水强化治污调水计划1
				计划3	3	…

本书对36套情景方案均进行了模型计算。根据情景分析对象及其敏感性要求，结合方案筛选技术，组合不同的方案集进行专项分析研究。

第 4 章　黄河水资源调度与配置情景分析

本章采用第 3 章构建的模型体系,从四个方面进行黄河水资源与环境经济协调发展定量研究:一是黄河流域水资源统一调度对流域国民经济发展的影响分析;二是基于黄河水资源承载能力的黄河经济社会发展指标分析;三是外流域调水对促进黄河流域经济社会发展的影响分析;四是外流域调水的生态环境效应分析。

4.1　水量统一调度宏观经济模拟评估

4.1.1　黄河水量统一调度实施背景

黄河地处干旱半干旱地区,黄河流域现状下垫面条件下多年平均天然河川径流量534.8 亿 m^3(利津断面),居我国七大江河的第四位。1990 年以来,黄河河川径流年耗水量已超过 300 亿 m^3,其中上游地区年耗水量 131 亿 m^3、中游地区耗水量 54 亿 m^3、下游两岸引黄灌区及城市供水耗水量 122 亿 m^3,一些省(区)已超过了国家规定的用水控制指标,水资源供需矛盾日益突出,下游河道经常出现断流现象,断流时间和断流河段越来越长。另一方面,用水缺乏科学管理,灌水效率很低,加上水的价格偏低,工农业用水浪费严重,有效利用率还不高。在水资源日益紧缺的同时,工业、生活废污水排放量逐年增加,造成黄河水质污染,生态环境恶化,进一步加剧了水资源危机。黄河水资源已成为流域经济和社会发展的重要制约因素。加强黄河水资源统一管理和调度,大力推动节水措施,保护水质,是治理黄河的一项重大任务。

黄河作为我国西北、华北地区的重要水源,担负着流域内及下游沿黄地区约 1.6 亿人口、2.4 亿亩耕地、50 多座大中城市和晋陕蒙能源基地及中原、胜利油田的供水任务。为缓解黄河水资源供需矛盾,统筹考虑沿黄省区引(提)黄用水问题,1987 年 9 月国务院办公厅批转了国家计委和水电部的南水北调工程生效前黄河可供水量分配方案。方案明确了沿黄各省份年耗黄河水量指标。

黄河水资源的开发和利用,支撑着供水地区国民经济的持续发展和社会稳定。但由于黄河水资源总量不足,时空分布不均,要求供水的范围不断扩大,干流中下游工程调节能力较小,致使黄河水资源供需矛盾越来越大,主要表现为:一是河道外工农业用水与河道内输沙、防凌、环保、发电用水之间的矛盾日益突出;二是黄河可供水量难以满足日益增长的用水需求;三是上下游之间、地区之间、部门之间的用水矛盾加剧;四是部分干流、支流河段水体污染日趋严重。

黄河水资源供需矛盾集中表现为下游的断流。山东省境内的泺口（距河口278km）以下河段断流频率最高，在1972～1998年的27年间，距河口最近的利津站有21年发生断流，断流年份年均断流50天，平均断流长度321km。断流延伸到河南境内的有5年，1997年断流最为严重，利津站断流226天。进入20世纪90年代，断流加剧，主要表现为：一是断流次数增多、断流时间延长；二是年内首次断流时间提前；三是断流距离延长；四是断流月份增加；五是主汛期断流时间延长。另外，黄河中游各主要支流把口站也多次出现断流，如1997年沁河、伊洛河、汾河、大汶河、渭河等相继出现断流。1997年6月28日黄河干流头道拐和潼关站出现了有记载以来的最小流量，仅为6.9 m^3/s和28 m^3/s。黄河下游断流对工农业生产和居民生活、下游河道的排洪能力、生态环境等均产生不利影响。

黄河流域干旱少雨，有限的黄河水资源已成为沿黄地区国民经济可持续发展的重要制约因素，为有效利用黄河水资源，必须国家统一分配水量，流量断面控制，省（自治区）负责用水配水，重要取水口和骨干水库统一调度。

黄河下游的频繁断流受到了党和政府的高度重视以及国内外社会各界的广泛关注。1998年12月，经国务院批准，当时的国家发展计划委员会和水利部颁布实施了《黄河水量调度管理办法》（计地区[1998]2520号），授权黄河水利委员会对黄河水量实施统一调度，对进入各省份河段控制断面（下河沿、石嘴山、头道拐、高村和利津）的水量进行调度，并负责刘家峡、万家寨、三门峡、小浪底、故县、陆浑、东平湖等干支流骨干水库的月旬水量调度方案的制订，以及特殊情况下的水量调度。

目前，黄河水量调度工作的重点是干流刘家峡水库至头道拐和三门峡水库以下至河口两个引水较多的河段，调度时段是非汛期8个月（当年11月至翌年6月）。1999年2月黄河水利委员会（以下简称"黄委会"）筹建了"黄河水量调度管理局"，负责全河水量的统一分配和调度。黄河上中游水量调度委员会办公室，有关省（自治区）水利厅，河南、山东黄河河务局，重要水利枢纽等单位根据分工负责管辖范围内的水量调度。自1999年3月1日起，黄委会首次对刘家峡水库至头道拐、三门峡水库至利津干流黄河段行使统一调度权。黄河干流水量统一调度正式实施，在黄河来水持续偏枯甚至是特枯的情况下实现了连续7年黄河全年不断流，较好地协调了生活、生产和生态用水关系，维持了黄河的基本功能，使黄河日益恶化的生命状况有所恢复。2006年8月1日《黄河水量调度条例》颁布实施，进一步完善了水量调度的分配和管理制度，为统筹协调黄河上游、中游、下游用水和生产、生活、环境用水提供了法律保障。在流域来水偏枯、水调电调协调难度大等不利条件下，实现了连续三年干流无预警流量、相关省（自治区）未超计划用水，干流重要控制断面流量全部达标，并实施了向白洋淀应急生态调水，完成了10个年度的黄河水量的统一调度。

黄河流域水资源统一调度的作用和影响是多方面的，对黄河流域以及引黄用水地区的社会、经济、生态环境、政治等多方面都具有非常重大的影响，采用定量和定性相结合的方法，分析这些影响的程度，对于评价和总结几年来的水资源统一调度工作具有非常重要的科学价值。

本章通过建立定量分析模型，从流域经济发展和水资源利用关系的角度，定量分析了水资源统一调度管理对流域经济发展的全方位影响，包括对经济发展总量的影响、对各产业的影响、对粮食生产的影响、对水力发电的影响、对流域外调水量的影响，以及对整个流域用水效率的影响等。

4.1.2 研究思路与技术路线

本章采用"有-无"情景对比分析法，即通过"重现"黄河干流不实行统一调度的情景，和已实行了统一调度所发生的实际情况进行对比分析。对水量统一调度的社会效果和生态环境的评估，以定性对比分析为主，定量分析为辅；对经济效果的评估，则以定量分析为主，定量分析的手段是构建了水量统一调度宏观经济模拟评估模型。

评估模型是从流域经济发展和水资源利用关系的角度，定量分析了水量统一调度对流域经济发展的全方位影响，包括对经济发展总量的影响、对各产业的影响、对粮食生产的影响、对水力发电的影响、对流域外调水量的影响，以及对整个流域用水效率和耗水量的影响等。为此，评估模型研究技术路线如下所述。

(1) 评估模型的构建

黄河流域水量统一调度环境经济评估模型将水资源系统、经济社会发展系统、生态环境系统等联系在一起，其核心技术为动态投入产出分析技术和基本用水单元的水量供用耗排平衡。模型的计算模块主要有：优化目标模块、投入产出分析模块、扩大再生产模块、贸易分析模块、宏观调控模块、水资源需求分析模块、水资源供需平衡模块、水量调度模块等。

整体模型的优点是将这些模块通过变量的形式内在地耦合在一起，从而能够更加科学的反映其中的规律，同时提高了模型的精度和效率。

黄河流域水资源与国民经济整体模型是分析流域水资源统一调度与管理对流域国民经济影响科学高效的定量分析工具。

(2) 1997~2007年历年经济发展指标调查统计

调查与统计的地域范围为黄河流域及下游引黄地区，主要包括青海、甘肃、宁夏、内蒙古、陕西、山西、河南、山东等省（自治区）的黄河流域部分，其中河南、山东两省还包括流域外引黄地区。

调查的主要内容包括：1980年以来黄河地区（含流域外引黄灌区部分）国民经济及社会发展主要指标。这些指标包括：国民经济总量及其三次产业构成（包括当年价和可比价）、总人口及其城乡分布、农作物播种面积及主要农产品产量、耕地面积、灌溉面积及其构成、主要工业产品产量等。

因本书重点研究水资源对国民经济的贡献，因而还需要进行国民经济各经济行业经济量的调查，需要调查部门初步分类为农业、采掘业、轻加工业、重加工业、电力工业、建筑业、交通运输邮电业、服务业等，重点调查分析2005年这些行业的经济指标，包括总产值、增加值以及消费、积累、调入与调出等分项指标。

（3）1997～2007 年历年水资源开发利用数据的调查统计

以全国水资源综合规划和黄河水资源公报为基础，调查分析黄河流域的水资源利用情况，包括从 1997～2007 年的分省、分二级区和三级区套省的水资源供用耗排情况、用水效率和用水定额等，并对流域大型水库的调度和运行情况进行调查，为模型的分析计算奠定坚实的基础。

（4）参数率定和校核

利用调查数据对模型进行了参数率定和校核，并分析水量统一调度对国民经济发展和水资源的供用耗排等影响的边界条件。

（5）模拟重现

利用评估模型模拟"无统一调度"情景，重现黄河水量在"无统一调度"下经济社会发展与水资源利用情景。

（6）宏观经济评价和水情分析

进行"有统一调度"和"无统一调度"两种情景下主要统计指标的对比分析，进而对水量统一调度实施效果进行宏观经济评价和水情分析。

4.1.3 水量统一调度以来国民经济与水资源利用基本情况

根据全国水资源综合规划统计数据和黄河流域水资源公报以及流域相关各省的统计年鉴，本节以省套三级区为基本单元收集了流域的经济社会发展基础数据，以此为基础可以汇总得到各省份、各二级流域以及整个流域的相关数据。调查得到流域内各省份（河南和山东包括流域外的黄河供水区）的主要宏观经济和社会发展数据见表 4-1。

表 4-1 流域内各省份经济社会发展主要指标

年份	分区	人口/万人		GDP/亿元				粮食产量/万 t	灌溉面积/万亩
		城市	农村	总量	农业	工业	三产		
1997	甘肃	324.9	1 398.4	670.7	162.9	246.5	213	401.8	537.9
	河南	717.7	2 770.4	1 112.1	274.9	458.3	313.7	651.9	924.7
	内蒙古	336.1	377	798.6	234.2	271.8	240.9	385.3	1 292.9
	宁夏	157.9	376.5	277.8	59	96.4	103.3	263.3	483.7
	青海	111.8	307.6	146	29.4	41.7	59.7	114.8	214.4
	山东	768.2	2 784.3	700.3	125.8	298	239	410.4	452.7
	山西	488.6	1 532.4	1 202.4	155.8	571.1	405.2	596.8	1 111.+
	陕西	616.6	2015	1506.6	310	487.1	594.9	804.9	1 307.4
	四川	1.4	7	34.4	17.4	1.5	10.5	0.9	2.7
	合计	3 523.2	11 568.6	6 448.8	1 369.5	2 472.4	2 180.2	3 630.1	6 327.4

续表

年份	分区	人口/万人 城市	人口/万人 农村	GDP/亿元 总量	GDP/亿元 农业	GDP/亿元 工业	GDP/亿元 三产	粮食产量/万t	灌溉面积/万亩
1998	甘肃	333	1 411.1	732.4	170.3	262.6	240.5	489.8	531.4
1998	河南	775.2	2 765.3	1 208.8	297.3	483.4	353.1	796.2	958
1998	内蒙古	348.5	383.3	875.3	250.8	293.2	272.5	411.2	1 302.5
1998	宁夏	152	390	301.4	64.5	100.8	112.3	294.5	500
1998	青海	113.3	312	159.2	30.1	45.9	65.1	113.4	213.4
1998	山东	829.6	2 776.1	775.9	131.7	330.7	269.7	407.9	476.7
1998	山西	500.5	1 535.7	1 310.6	169.7	610.3	440.2	705.2	1 113.4
1998	陕西	620	2 025.7	1 643.7	337.3	529.9	631	976.5	1 374.4
1998	四川	1.5	7	37.5	19	1.6	11.6	1	2.7
1998	合计	3 673.6	1 1606.2	7 044.7	1 470.6	2 658.3	2 395.9	4 195.8	6 472.4
1999	甘肃	343.6	1 440.9	793.2	184.4	284.4	260.4	489.8	531.4
1999	河南	837.2	2 756.4	1 305.5	321.1	522.1	381.3	796.2	958
1999	内蒙古	457.5	286.1	943.5	270.3	316.1	293.7	411.2	1 302.5
1999	宁夏	155.3	393.4	327.6	70.1	109.6	122.1	294.5	500
1999	青海	113.8	315.6	172.2	32.6	49.6	70.5	113.4	213.4
1999	山东	896	2 763.8	854.3	145	364.1	296.9	407.9	476.7
1999	山西	516.6	1 542.1	1 377.5	178.3	641.4	462.6	705.2	1 113.4
1999	陕西	684.4	1 996.3	1 781.7	365.6	574.4	684	976.5	1 374.4
1999	四川	3.1	13.5	39.6	20	1.7	12.3	1	2.7
1999	合计	4 007.5	11 508.1	7 595.1	1 587.5	2 863.2	2 583.8	4 195.8	6 472.4
2000	甘肃	354.9	1 459.1	862.3	108	294.6	401	462.2	567.6
2000	河南	904.1	2 743.3	1 428.8	198.6	750.8	436.7	692.1	980.8
2000	内蒙古	370.2	393.8	1 034.6	97.3	381.3	470.9	590.4	1 423.5
2000	宁夏	159.3	398.4	359.5	53.5	132.3	148.2	368.7	582
2000	青海	112.3	322.9	187.6	26.1	51.2	86.4	62.4	215.6
2000	山东	967.7	2 747	944	108	450.8	347.9	358.8	439.7
2000	山西	687.1	1 439.1	1 484.7	102.1	563.1	549.6	478.3	1 081.3
2000	陕西	729.7	2 037.2	1 942.6	211.6	845.1	742.1	514.8	1 308.1
2000	四川	1.6	8	43.2	21.8	1.9	16.4	0	0.1
2000	合计	4 286.9	11 548.8	8 287.3	927.2	3 471	3 199.3	3 527.7	6 598.6

续表

年份	分区	人口/万人 城市	人口/万人 农村	GDP/亿元 总量	GDP/亿元 农业	GDP/亿元 工业	GDP/亿元 三产	粮食产量/万 t	灌溉面积/万亩
2001	甘肃	442.2	1 362	921.0	182	313.5	338	469	576
	河南	976.5	2 725.7	1 562.5	248.1	458.2	351	735.8	1 024.6
	内蒙古	449.5	342.2	1 161.8	91.9	129.8	143.5	298.7	1 360.2
	宁夏	159.3	409.2	396.2	34.9	72	80.6	252.7	556
	青海	154.1	285.1	215.6	147.7	307.9	434.9	89.2	215.3
	山东	1 045.1	2 725.3	1 069.0	231.8	697.8	583.9	325	435.2
	山西	748	1 385.4	1 647.8	203.7	928.5	822.6	412.2	1 084.9
	陕西	763.6	1994	2 131.9	242.7	512.1	625.8	809.4	1 337.9
	四川	3.1	14.3	47.3	23.8	2.1	17.9	4	3.9
	合计	4 741.4	11 243.2	9 153.1	1 406.7	3 421.8	3 398.3	3 396.1	6 593.9
2002	甘肃	456.8	1 361.1	1 031.8	199.2	343	369.8	487.4	537
	河南	1 054.6	2 703.1	1 706.2	373.4	689.7	528.4	753.8	1037.6
	内蒙古	404	363.8	1 270.6	295	416.5	460.7	351.7	1 417.8
	宁夏	164.1	404.7	436.2	72.5	149.5	167.3	274.8	619.9
	青海	155.8	287.6	236.2	33.6	70	98.9	78.9	215.5
	山东	1 128.7	2 698.3	1 158.8	166.9	502.4	420.4	280.2	411.3
	山西	822.9	1 325	1 797.7	172.8	787.5	697.8	523.9	1 061
	陕西	788.4	1 986.5	2 324.9	362.1	764.1	933.7	879.2	1 319.8
	四川	3.1	14	52.1	26.4	2.3	19.8	3.3	4
	合计	4 978.4	11 144.1	10 014.6	1 701.8	3 725	3 696.8	3 633	6 623.8
2003	甘肃	470.5	1 345.9	1 142.2	220.5	379.7	409.4	491.5	667.7
	河南	1 139	2 675.1	1 888.7	413.4	763.5	584.9	639.1	976.4
	内蒙古	411.8	364.5	1 494.2	346.9	489.8	541.7	340.3	1 309.5
	宁夏	169	408.1	491.6	81.7	168.4	188.6	245.9	544.8
	青海	169.8	278.2	264.3	37.6	78.3	110.6	75	237.5
	山东	1 219	2 665.4	1 314.1	189.3	569.8	476.8	292.3	350.7
	山西	844.7	1 313	2 065.5	198.5	904.9	801.7	542.8	1 027.5
	陕西	809.2	1 973.4	2 599.3	404.8	854.3	1 043.9	846.6	1 316.6
	四川	3.1	14.3	58	29.4	2.5	22.1	3.2	4.2
	合计	5 236.1	11 037.9	11 318.1	1 922	4 211.2	4 179.8	3 476.8	6 434.8

续表

年份	分区	人口/万人 城市	人口/万人 农村	GDP/亿元 总量	GDP/亿元 农业	GDP/亿元 工业	GDP/亿元 三产	粮食产量/万t	灌溉面积/万亩
2004	甘肃	510.9	1 321.0	1 273.6	159.5	435.1	592.3	501.8	673.6
2004	河南	504.6	2 512.2	2 147.5	298.4	1 128.5	656.4	762.7	983.9
2004	内蒙古	503.8	417.2	1 806.5	170	665.7	822.1	376.5	1 343.8
2004	宁夏	252.8	335.2	546.7	81.4	201.2	225.3	264.4	535.7
2004	青海	165	278.4	296.8	41.3	81	136.7	76.4	235.7
2004	山东	381.8	2 745.5	1 516.5	173.6	724.2	558.9	299.2	351.1
2004	山西	882	1 290.7	2 379.5	163.7	902.4	880.9	601.2	1 020.8
2004	陕西	1 211.7	1 611.1	2 934.6	319.7	1 276.7	1 121.1	909.2	1 342.4
2004	四川	2.4	7.2	65.4	12.8	17.9	25.9	3.3	4.2
2004	合计	4 414.9	10 518.5	12 967.1	1 420.3	5 432.5	5 019.6	3 794.8	6 491.3
2005	甘肃	488.2	1 324.6	1 423.8	164.1	472.1	669.3	521.1	691.8
2005	河南	505.9	2 496.2	2 452.4	291.8	1 264.2	756.9	820.4	991
2005	内蒙古	489.1	432.7	2 236.5	188.1	846.6	1 026.8	415.7	1 377.6
2005	宁夏	252	343.0	606.3	72.1	229.1	252.9	272.9	558.4
2005	青海	166.2	280.1	333	40.4	87.5	154.7	80.6	230.7
2005	山东	389.2	2 725.8	1 747	165	816.8	652.6	333.3	352.8
2005	山西	900	1 283.7	2 679.3	168.2	1 005.4	1 002.6	553.7	1 021.2
2005	陕西	1157	1 675.7	3 304.3	326.9	1 444.1	1 285.4	911.9	1 344.5
2005	四川	2.2	6.9	75.2	14.7	20.5	29.8	3.3	4.2
2005	合计	4 349.8	10 568.7	14 857.8	1 431.3	6 186.3	5 831	3 912.9	6 572.3
2006	甘肃	508.4	1 314.4	1 587.6	167.1	518.5	755.8	503.2	702.8
2006	河南	537.2	2 480.2	2 805.6	319.8	1 437.8	877.2	897	1 000.4
2006	内蒙古	506.3	419.7	2 661.4	202.5	994.1	1 248.5	426.4	1 406.8
2006	宁夏	259.7	344.3	683.3	74.4	253.5	291.8	283	560.2
2006	青海	167.9	282.9	373.6	41.6	94.4	177.3	76.3	230.8
2006	山东	401.7	2 706.1	2 005.6	169.4	941.7	755.3	344.5	354.6
2006	山西	925.6	1 273.2	2 995.5	173.1	1 133	1 129.9	607.6	1 099.6
2006	陕西	1 221.5	1 624.2	3 727.3	320.3	1 636.4	1 472.3	950.3	1 338.6
2006	四川	2.2	6.7	85.2	16.7	23.3	33.8	3	4.2
2006	合计	4 530.6	10 451.7	16 925.1	1 484.8	7 032.7	6 741.8	4 091.4	6 697.8

续表

年份	分区	人口/万人		GDP/亿元				粮食产量/万 t	灌溉面积/万亩
		城市	农村	总量	农业	工业	三产		
2007	甘肃	518.7	1 311.7	1 782.9	182.4	573.4	855.9	513.1	713.7
	河南	566.2	2 464.2	3 215.2	350.4	1 657.4	1 011.7	939.1	1 009.7
	内蒙古	523.8	405.3	3 169.7	228.5	1 168.1	1 499.6	452.9	1 436
	宁夏	268.5	341.5	770	80	283.3	332.7	294.5	561.9
	青海	172.6	281.5	420.3	44.7	105.4	199.5	91.8	230.8
	山东	409.9	2 686.4	2 292.4	186.7	1 080.9	867.8	353	356.3
	山西	952.6	1 257.9	3 426.9	180.9	1 320.2	1 299.5	570.1	1 177.9
	陕西	1 272.8	1 582.9	4 271.4	354.3	1 888.1	1 695.8	933.6	1 332.7
	四川	2.3	6.6	97.3	19	26.6	38.5	3.1	4.2
	合计	4 687.4	10 338.0	19 446.1	1 626.9	8 103.4	7 801	4 151.2	6 823.3

新中国成立以来，黄河水资源开发利用有了长足的进展，流域内已建成蓄水工程 19 025 座、总库容 715.98 亿 m³，引水工程 12 852 处，提水工程 22 338 处，机电井工程 60.32 万眼，集雨工程 224.49 万处，兴建了向黄淮海平原地区供水的引黄涵闸 96 座，提水站 31 座。现状流域总供水量 512.08 亿 m³，其中向流域内供水 422.73 亿 m³，向流域外供水 89.35 亿 m³（表 4-2）。

据《黄河流域综合规划（2012—2030 年》批复，黄河干支流可开发的水电站总装机容量 34 741MW，其中干流 30 411MW；年发电总量 1234 亿 kW·h，其中干流 1046.0 亿 kW·h。根据规划，2030 年，黄河干支流水电站装机容量可达到 31 779MW，开发程度达 91.5%。

表 4-2　1997~2007 年黄河水资源利用情况统计表　　　（单位：亿 m³）

分区		年供水总量										平均
		1997 年	1998 年	1999 年	2000 年	2001 年	2002 年	2003 年	2004 年	2005 年	2006 年	2007 年	
省级行政区	青海	17.3	18.1	18.7	18.5	17.4	17.1	17.2	17.6	17.5	18.5	18.7	17.9
	四川	0.1	0.2	0.2	0.3	0.2	0.2	0.2	0.2	0.2	0.2	0.2	0.2
	甘肃	38.9	39.5	40.4	42.3	41.4	40.7	40.2	40.6	40.8	39.9	39.8	40.4
	宁夏	87.1	89.2	89.6	78.2	76.3	75.7	57.3	63.5	68.7	70.4	66.7	74.8
	内蒙古	77.3	87.5	90.9	80.7	82.6	82.0	72.8	82.4	88.1	88.6	87.7	83.7
	陕西	45.9	49.9	49.3	49.2	49.3	48.3	46.7	47.4	50.8	55.4	52.2	49.5
	山西	36.4	34.2	33.8	33.5	34.0	33.9	32.9	33.1	34.8	36.8	37.3	34.6
	河南	50.3	45.7	49.8	46.2	47.3	50.4	46.9	43.3	44.4	51.1	44.9	47.3
	山东	16.7	19.1	22.4	26.1	22.8	24.0	23.7	21.5	12.4	9.7	10.1	19.0

续表

分区		年供水总量										
		1997年	1998年	1999年	2000年	2001年	2002年	2003年	2004年	2005年	2006年	2007年	平均
水资源二级区	龙羊峡以上	1.9	2.1	2.2	2.2	2.0	2.0	2.0	2.1	2.0	2.1	2.1	2.1
	龙羊峡至兰州	37.1	38.3	39.1	39.1	38.6	37.9	37.5	38.2	37.8	38.3	38.7	38.2
	兰州至河口镇	167.4	179.4	183.5	163.5	163.8	162.7	137.0	151.9	162.1	163.6	159.2	163.1
	河口镇至龙门	9.6	10.4	10.4	10.1	10.2	10.1	9.6	10.1	10.8	11.5	11.2	10.4
	龙门至三门峡	84.2	85.5	84.4	84.8	83.8	82.5	78.4	79.9	85.3	91.2	88.4	84.4
	三门峡至花园口	26.6	24.4	25.4	25.5	26.0	26.2	25.4	24.9	26.1	29.1	27.2	26.1
	花园口以下	41.0	40.8	47.5	48.0	44.9	48.8	45.8	40.4	31.2	32.5	28.4	40.8
	内流区	2.2	2.5	2.4	2.3	2.3	2.3	2.1	2.2	2.4	2.5	2.4	2.3
	合计	369.9	383.2	395.0	375.5	371.4	372.3	337.8	349.7	357.7	370.5	357.5	367.3
流域外	内蒙古	—	0.0	0.0	0.0	0.0	0.0	0.0	0.0	0.0	0.0	0.0	0.0
	甘肃	—	0.0	0.0	0.0	0.4	0.4	0.5	0.8	0.0	0.9	0.8	0.5
	河南	—	10.6	12.4	11.3	10.6	13.0	10.2	9.4	10.6	13.6	11.6	11.3
	山东	—	77.8	75.4	52.3	55.4	69.5	37.0	33.3	52.0	71.8	61.8	58.6
	冀津	—	0.0	3.2	7.2	3.6	5.2	10.1	10.5	1.3	3.0	1.9	4.6
	合计	—	88.4	91.0	70.8	70.0	88.1	57.8	54.1	64.7	89.3	76.2	75.1
黄河供水区总计		—	471.6	486.0	446.3	441.4	460.4	395.5	403.7	422.4	459.8	433.8	442.1

根据全国水资源综合规划和黄河水资源公报，以省套三级区为基本单元对流域的分区耗水数据进行了调出分析，以此为基础，可以得到流域分省份和分二级流域的耗水数据，以及整个流域各年的耗水数据。流域内各年分省耗水数据见表4-3。

表4-3　1998~2007年流域历年分省耗水指标　　　（单位：亿 m³）

分区		1998年	1999年	2000年	2001年	2002年	2003年	2004年	2005年	2006年	2007年	平均
沿黄各省份	甘肃	27.85	30.58	32.02	31.94	31.04	33.84	34.09	33.44	34.20	35.02	32.40
	河南	45.16	52.73	48.47	48.02	54.38	47.70	45.27	48.75	55.29	50.21	49.60
	内蒙古	77.44	84.14	77.58	79.85	78.35	69.48	73.52	82.56	74.89	78.39	77.62
	宁夏	39.23	43.89	40.33	40.31	38.75	38.78	40.26	44.64	41.81	42.05	41.01
	青海	12.47	12.94	14.18	12.73	12.99	12.27	11.62	11.77	15.38	14.48	13.08
	山东	92.40	93.46	73.92	73.66	89.81	58.02	54.27	64.40	87.48	78.34	76.58
	山西	28.10	28.22	27.93	29.29	29.46	28.33	28.53	30.41	31.50	32.78	29.46
	陕西	41.98	43.34	44.05	42.69	41.93	37.46	40.43	43.44	42.89	45.18	42.34
	四川	0.16	0.24	0.24	0.25	0.26	0.25	0.27	0.27	0.18	0.20	0.23
	冀津	0.00	3.16	7.15	3.63	5.20	10.06	10.50	1.33	3.00	1.90	4.59
	总计	364.79	392.70	365.87	362.37	382.17	336.19	338.76	361.01	386.62	378.55	366.90

续表

分区		1998年	1999年	2000年	2001年	2002年	2003年	2004年	2005年	2006年	2007年	平均
流域内	甘肃	27.85	30.58	32.02	31.54	30.64	33.34	33.31	32.61	33.34	34.16	31.94
	河南	34.53	40.29	37.14	37.43	41.42	37.53	35.89	38.20	41.67	38.59	38.27
	内蒙古	77.40	84.10	77.54	79.81	78.31	69.44	73.48	82.52	74.85	78.35	77.58
	宁夏	39.23	43.89	40.33	40.31	38.75	38.78	40.26	44.64	41.81	42.05	41.01
	青海	12.47	12.94	14.18	12.73	12.99	12.27	11.62	11.77	15.38	14.48	13.08
	山东	14.65	18.07	21.62	18.31	20.31	21.05	20.93	12.45	15.66	16.52	17.96
	山西	28.10	28.22	27.93	29.29	29.46	28.33	28.53	30.41	31.50	32.78	29.46
	陕西	41.98	43.34	44.05	42.69	41.93	37.46	40.43	43.44	42.89	45.18	42.34
	四川	0.16	0.24	0.24	0.25	0.26	0.25	0.27	0.27	0.18	0.20	0.23
	合计	276.37	301.67	295.04	292.35	294.07	278.44	284.71	296.30	297.28	302.31	291.85
流域外	内蒙古	0.04	0.04	0.04	0.04	0.04	0.05	0.05	0.05	0.05	0.05	0.04
	甘肃	0.00	0.00	0.00	0.40	0.40	0.50	0.78	0.83	0.86	0.86	0.46
	河南	10.63	12.44	11.33	10.59	12.96	10.17	9.38	10.55	13.62	11.62	11.33
	山东	77.75	75.39	52.30	55.35	69.50	36.97	33.34	51.95	71.82	61.82	58.62
	冀津	0.00	3.16	7.15	3.63	5.20	10.06	10.50	1.33	3.00	1.90	4.59
	合计	88.42	91.03	70.82	70.01	88.10	57.75	54.05	64.71	89.34	76.24	75.05

黄河水量统一调度的重点是地表水的统一管理与调度。根据数据分析,1998~2007年黄河流域历年各省份地表水耗水指标见表4-4。

表4-4 1998~2007年黄河流域分省地表水耗水指标 （单位：亿 m³）

分区		1998年	1999年	2000年	2001年	2002年	2003年	2004年	2005年	2006年	2007年	平均
沿黄各省份	甘肃	23.51	25.81	27.36	26.91	26.08	29.17	29.32	29.21	30.05	30.43	27.79
	河南	29.54	34.56	31.46	29.42	36.01	28.26	26.06	29.31	37.83	33.62	31.61
	内蒙古	61.45	66.48	59.45	61.03	59.18	50.46	54.00	62.19	60.94	59.83	59.50
	宁夏	37.12	41.49	37.76	37.00	35.74	35.31	37.68	42.09	39.03	39.44	38.27
	青海	11.58	12.07	13.23	11.87	11.69	10.89	10.62	10.77	13.57	13.33	11.96
	山东	83.60	84.46	63.93	63.42	80.32	50.57	47.14	57.29	80.45	71.59	68.28
	山西	10.45	9.58	9.94	10.45	10.43	9.60	10.08	11.81	12.89	13.59	10.88
	陕西	19.74	20.86	21.80	21.77	21.11	18.73	20.91	23.60	26.84	24.97	22.03
	四川	0.05	0.24	0.23	0.24	0.25	0.25	0.26	0.24	0.18	0.18	0.21
	冀津	0.00	3.16	7.15	3.63	5.20	10.06	10.50	1.33	3.00	1.90	4.59
	总计	277.04	298.71	272.31	265.74	286.01	243.30	246.57	267.84	304.78	288.88	275.12

续表

	分区	1998年	1999年	2000年	2001年	2002年	2003年	2004年	2005年	2006年	2007年	平均
流域内	甘肃	23.51	25.81	27.36	26.51	25.68	28.67	28.54	28.38	29.19	29.57	27.32
	河南	18.91	22.12	20.13	18.83	23.05	18.09	16.68	18.76	24.21	22.00	20.28
	内蒙古	61.41	66.44	59.41	60.99	59.14	50.42	53.96	62.15	60.90	59.79	59.46
	宁夏	37.12	41.49	37.76	37.00	35.74	35.31	37.68	42.09	39.03	39.44	38.27
	青海	11.58	12.07	13.23	11.87	11.69	10.89	10.62	10.77	13.57	13.33	11.96
	山东	5.85	9.07	11.63	8.07	10.82	13.60	13.80	5.34	8.63	9.77	9.66
	山西	10.45	9.58	9.94	10.45	10.43	9.60	10.08	11.81	12.89	13.59	10.88
	陕西	19.74	20.86	21.80	21.77	21.11	18.73	20.91	23.60	26.84	24.97	22.03
	四川	0.05	0.24	0.23	0.24	0.25	0.25	0.26	0.24	0.18	0.18	0.21
	合计	188.62	207.68	201.49	195.73	197.91	185.55	192.52	203.13	215.44	212.64	200.07
流域外	内蒙古	0.04	0.04	0.04	0.04	0.04	0.05	0.05	0.05	0.05	0.05	0.04
	甘肃	0.00	0.00	0.00	0.40	0.40	0.50	0.78	0.83	0.86	0.86	0.46
	河南	10.63	12.44	11.33	10.59	12.96	10.17	9.38	10.55	13.62	11.62	11.33
	山东	77.75	75.39	52.30	55.35	69.50	36.97	33.34	51.95	71.82	61.82	58.62
	冀津	0.00	3.16	7.15	3.63	5.20	10.06	10.50	1.33	3.00	1.90	4.59
	合计	88.42	91.03	70.82	70.01	88.10	57.75	54.05	64.71	89.34	76.24	75.05

对于整体流域，历年各用水户耗水指标见表4-5。

表4-5 1997～2007年黄河流域各用水户耗水指标　（单位：亿 m³）

年份	城市生活	农村生活	工业	服务业	农业	总耗水	其中地表
1997	10.739	23.068	44.627	3.701	346.503	428.638	292.42
1998	11.067	23.044	45.594	3.669	323.365	406.739	277.07
1999	12.068	22.772	46.823	3.848	345.722	431.232	295.58
2000	12.734	22.397	41.091	3.639	322.889	402.75	265.17
2001	14.101	21.799	42.451	3.817	318.909	401.077	261.52
2002	14.77	21.651	43.501	3.99	334.248	418.16	280.85
2003	15.512	21.429	48.215	4.605	315.879	405.641	271.185
2004	8.07	16.7	37.85	4.61	259.16	326.39	246.56

续表

年份	城市生活	农村生活	工业	服务业	农业	总耗水	其中地表
2005	8.204	17.04	36.53	5.45	266.996	334.22	267.85
2006	10.004	17.37	38.76	6.55	287.736	360.42	304.76
2007	10.744	17.72	42.01	7.38	320.876	398.73	288.89

水量调度相关数据调查包括黄河流域大型骨干水库龙羊峡、李家峡、刘家峡、万家寨、三门峡、小浪底、故县、陆浑河、大汶河9个水库的1997~2007年逐月入流量、出流量、蓄变量数据，以及重要水文站唐乃亥、贵德、循化、小川、兰州、安宁渡、下河沿、石嘴山、头道拐、龙门、潼关、三门峡、小浪底、花园口、高村、利津、民和、河津、华县、状头、武陟、黑石关22个水文站的1997~2007年逐月实测径流量。由于数据量庞大，不再列出，详细数据可以参考模型的数据。

4.1.4 统一调度实施效果的宏观经济分析

统一调度宏观经济分析主要采用"有-无"情景对比分析法，即通过"重现"黄河干流不实行统一调度的情景，和已实行了统一调度所发生的实际情况进行对比分析，采用水资源统一调度宏观经济评价整体模型进行定量计算和分析。

经过模型逐年重现模拟计算，可以得到55个基本单元的详细数据，包括宏观经济数据、水资源利用数据和单元的供用耗排数据，将其中的一些重要数据分别按照省、二级流域和整个流域进行了汇总，便于对比分析，这些数据主要包括第一产业、第二产业、第三产业的GDP，粮食产量及地表水耗水量等指标。二级流域主要统计指标见表4-6，省级行政区主要指标统计见表4-7，流域汇总指标见表4-8。

表4-6 无统一调度与有统一调度二级区主要指标变化值统计分析

分区	年份	总GDP/亿元	农业GDP/亿元	工业GDP/亿元	三产GDP/亿元	粮食产量/万t	地表水耗水量/亿 m³
龙羊峡以上	1999	0.55	0.55	0.00	0.00	0.31	0.09
	2000	0.49	0.49	0.00	0.00	0.28	0.17
	2001	0.67	0.67	0.00	0.00	0.31	0.15
	2002	0.78	0.78	0.00	0.00	0.31	0.16
	2003	0.90	0.90	0.00	0.00	0.30	0.15
	2004	1.62	1.62	0.00	0.00	0.21	0.06
	2005	1.76	1.76	0.00	0.00	0.22	0.06
	2006	1.93	1.93	0.00	0.00	0.21	0.06
	2007	2.17	2.17	0.00	0.00	0.21	0.07
	2008	0.99	0.99	0.00	0.00	0.66	0.08

续表

分区	年份	总 GDP /亿元	农业 GDP /亿元	工业 GDP /亿元	三产 GDP /亿元	粮食产量 /万 t	地表水耗水量 /亿 m³
龙羊峡到兰州	1999	3.92	3.92	0.00	0.00	12.77	1.72
	2000	3.95	3.95	0.00	0.00	10.34	3.35
	2001	4.26	4.26	0.00	0.00	12.54	3.11
	2002	4.63	4.63	0.00	0.00	11.94	3.14
	2003	5.37	5.37	0.00	0.00	11.42	3.18
	2004	5.92	5.92	0.00	0.00	11.91	5.10
	2005	5.96	5.96	0.00	0.00	12.47	5.73
	2006	6.10	6.10	0.00	0.00	11.92	7.69
	2007	6.61	6.61	0.00	0.00	13.26	7.82
	2008	4.89	4.89	0.00	0.00	118.88	7.54
兰州到河口镇	1999	10.75	10.75	0.00	0.00	19.97	8.69
	2000	9.51	9.51	0.00	0.00	5.36	13.98
	2001	6.37	6.37	0.00	0.00	−28.87	10.67
	2002	13.37	13.37	0.00	0.00	30.66	15.33
	2003	12.61	12.61	0.00	0.00	5.71	12.32
	2004	10.18	10.18	0.00	0.00	−24.14	22.57
	2005	−1.16	−1.16	0.00	0.00	−47.02	23.09
	2006	19.04	19.04	0.00	0.00	32.03	36.10
	2007	13.11	13.11	0.00	0.00	3.45	35.95
	2008	2.38	2.38	0.00	0.00	−77.91	37.02
河口镇到龙门	1999	3.12	3.12	0.00	0.00	5.40	0.31
	2000	3.82	3.82	0.00	0.00	4.29	0.89
	2001	3.89	3.89	0.00	0.00	4.49	1.03
	2002	4.56	4.56	0.00	0.00	7.25	1.11
	2003	6.19	6.19	0.00	0.00	8.77	1.03
	2004	1.83	5.03	−3.20	0.00	6.73	1.71
	2005	−0.21	4.40	−4.60	0.00	4.64	1.98
	2006	5.89	5.89	0.00	0.00	8.10	2.50
	2007	2.42	2.42	0.00	0.00	−0.09	2.27
	2008	0.52	0.52	0.00	0.00	3.75	2.22

续表

分区	年份	总GDP/亿元	农业GDP/亿元	工业GDP/亿元	三产GDP/亿元	粮食产量/万t	地表水耗水量/亿m³
龙门到三门峡	1999	5.09	5.09	0.00	0.00	30.10	1.04
	2000	−0.39	−0.39	0.00	0.00	19.17	3.49
	2001	0.16	0.16	0.00	0.00	21.59	3.62
	2002	1.37	1.37	0.00	0.00	24.40	3.85
	2003	5.65	5.65	0.00	0.00	23.43	4.25
	2004	−4.63	−4.63	0.00	0.00	18.27	8.58
	2005	−12.35	−12.35	0.00	0.00	11.24	9.25
	2006	−15.78	−15.78	0.00	0.00	5.62	11.26
	2007	−25.76	−13.22	−12.54	0.00	8.88	13.26
	2008	−8.12	−8.12	0.00	0.00	32.48	14.04
三门峡到花园口	1999	0.23	0.23	0.00	0.00	0.89	0.03
	2000	−1.71	−1.71	0.00	0.00	−5.88	0.90
	2001	−1.30	−1.30	0.00	0.00	−3.60	0.92
	2002	−0.18	−0.18	0.00	0.00	−1.21	1.19
	2003	−0.72	−0.72	0.00	0.00	0.01	0.96
	2004	−3.28	−2.02	−1.27	0.00	−0.74	1.35
	2005	−7.46	−3.83	−3.63	0.00	−2.46	1.46
	2006	0.33	0.33	0.00	0.00	1.00	2.55
	2007	0.25	0.37	−0.12	0.00	0.82	2.29
	2008	−3.45	−1.04	−2.41	0.00	−0.52	2.34
花园口以下	1999	−178.14	−43.81	−78.24	−56.09	−174.66	−7.64
	2000	−349.23	−174.59	−114.39	−60.25	−679.26	−15.06
	2001	−393.65	−207.27	−119.96	−66.42	−782.81	−17.23
	2002	−428.08	−235.59	−120.76	−71.73	−827.53	−24.24
	2003	−541.95	−169.45	−217.55	−154.94	−560.97	−9.36
	2004	−35.55	−35.55	0.00	0.00	−97.20	2.86
	2005	−325.12	−91.48	−136.45	−97.18	−264.15	−1.28
	2006	−17.87	−17.87	0.00	0.00	−35.57	7.66
	2007	−408.63	−115.56	−171.16	−121.90	−299.32	−0.79
	2008	−146.71	−146.71	0.00	0.00	−384.22	−0.56

注：负值表示减少量，正值表示增加量。

第 4 章 | 黄河水资源调度与配置情景分析

表 4-7　无统一调度与有统一调度省级行政区主要指标变化值统计分析

省（自治区）	年份	总 GDP /亿元	农业 GDP /亿元	工业 GDP /亿元	三产 GDP /亿元	粮食产量 /万 t	地表水耗水量 /亿 m³
青海	1999	1.52	1.52	0.00	0.00	7.42	0.91
	2000	1.53	1.53	0.00	0.00	4.99	1.74
	2001	1.65	1.65	0.00	0.00	7.13	1.46
	2002	1.87	1.87	0.00	0.00	6.31	1.56
	2003	2.13	2.13	0.00	0.00	5.89	1.47
	2004	2.64	2.64	0.00	0.00	6.27	2.14
	2005	2.59	2.59	0.00	0.00	6.60	2.43
	2006	2.66	2.66	0.00	0.00	6.26	3.77
	2007	2.86	2.86	0.00	0.00	7.49	3.69
	2008	2.50	2.50	0.00	0.00	101.32	3.25
四川	1999	0.22	0.22	0.00	0.00	0.00	0.02
	2000	0.11	0.11	0.00	0.00	0.00	0.03
	2001	0.25	0.25	0.00	0.00	0.00	0.03
	2002	0.29	0.29	0.00	0.00	0.00	0.03
	2003	0.34	0.34	0.00	0.00	0.00	0.03
	2004	1.02	1.02	0.00	0.00	0.00	0.03
	2005	1.18	1.18	0.00	0.00	0.00	0.04
	2006	1.33	1.33	0.00	0.00	0.00	0.03
	2007	1.52	1.52	0.00	0.00	0.00	0.03
	2008	0.43	0.43	0.00	0.00	0.00	0.05
甘肃	1999	5.12	5.12	0.00	0.00	29.91	1.67
	2000	5.03	5.03	0.00	0.00	29.79	3.47
	2001	5.23	5.23	0.00	0.00	30.08	3.44
	2002	5.77	5.77	0.00	0.00	31.41	3.33
	2003	6.75	6.75	0.00	0.00	26.95	3.59
	2004	6.42	6.42	0.00	0.00	32.10	6.16
	2005	6.56	6.56	0.00	0.00	33.34	6.87
	2006	6.68	6.68	0.00	0.00	32.20	8.21
	2007	7.32	7.32	0.00	0.00	32.84	8.67
	2008	4.81	4.81	0.00	0.00	99.78	8.98

续表

省（自治区）	年份	总 GDP /亿元	农业 GDP /亿元	工业 GDP /亿元	三产 GDP /亿元	粮食产量 /万 t	地表水耗水量 /亿 m³
宁夏	1999	2.75	2.75	0.00	0.00	6.96	2.67
	2000	2.97	2.97	0.00	0.00	5.07	4.82
	2001	3.00	3.00	0.00	0.00	3.45	4.69
	2002	3.01	3.01	0.00	0.00	4.26	4.56
	2003	3.41	3.41	0.00	0.00	4.75	4.57
	2004	0.62	0.62	0.00	0.00	−0.54	8.76
	2005	−0.71	−0.71	0.00	0.00	−1.15	10.83
	2006	−2.72	−2.72	0.00	0.00	−3.03	11.87
	2007	−1.96	−1.96	0.00	0.00	−1.97	12.86
	2008	−2.77	−2.77	0.00	0.00	−18.36	14.72
内蒙古	1999	6.20	6.20	0.00	0.00	14.26	5.35
	2000	4.54	4.54	0.00	0.00	−3.02	7.91
	2001	1.39	1.39	0.00	0.00	−34.83	4.87
	2002	8.73	8.73	0.00	0.00	26.51	9.79
	2003	7.63	7.63	0.00	0.00	2.48	6.66
	2004	3.89	3.89	0.00	0.00	−28.56	12.03
	2005	−6.98	−6.98	0.00	0.00	−53.47	10.30
	2006	14.29	14.29	0.00	0.00	28.24	21.80
	2007	5.85	5.85	0.00	0.00	−7.81	20.51
	2008	−1.34	−1.34	0.00	0.00	−98.51	19.80
山西	1999	6.06	6.06	0.00	0.00	7.59	1.01
	2000	0.66	0.66	0.00	0.00	0.74	1.30
	2001	1.38	1.38	0.00	0.00	1.37	1.55
	2002	2.11	2.11	0.00	0.00	3.03	1.77
	2003	7.28	7.28	0.00	0.00	6.61	2.35
	2004	−2.90	0.30	−3.20	0.00	0.21	3.52
	2005	−10.86	−6.67	−4.18	0.00	−6.98	3.12
	2006	−8.43	−8.43	0.00	0.00	−9.51	3.86
	2007	−4.12	−4.00	−0.12	0.00	−4.48	5.21
	2008	−2.48	−2.48	0.00	0.00	−9.01	5.31

续表

省（自治区）	年份	总GDP/亿元	农业GDP/亿元	工业GDP/亿元	三产GDP/亿元	粮食产量/万t	地表水耗水量/亿m³
陕西	1999	1.56	1.56	0.00	0.00	2.70	0.23
	2000	2.52	2.52	0.00	0.00	1.93	2.56
	2001	2.45	2.45	0.00	0.00	3.00	2.50
	2002	2.93	2.93	0.00	0.00	3.29	2.46
	2003	3.21	3.21	0.00	0.00	3.22	2.21
	2004	3.24	3.24	0.00	0.00	3.79	5.28
	2005	2.23	2.65	−0.42	0.00	3.48	6.41
	2006	3.38	3.38	0.00	0.00	4.03	7.93
	2007	1.47	1.47	0.00	0.00	2.97	8.51
	2008	−0.49	−0.49	0.00	0.00	3.22	8.69
河南	1999	0.80	0.80	0.00	0.00	2.53	0.06
	2000	−3.16	−3.16	0.00	0.00	−6.61	2.12
	2001	−2.72	−2.72	0.00	0.00	−4.28	2.11
	2002	−2.98	−2.98	0.00	0.00	−3.39	2.50
	2003	−2.40	−2.40	0.00	0.00	−0.76	2.14
	2004	−7.97	−6.71	−1.27	0.00	−3.68	4.14
	2005	−12.41	−8.79	−3.63	0.00	−6.13	4.92
	2006	−6.05	−6.05	0.00	0.00	−4.07	8.21
	2007	−22.46	−9.93	−12.54	0.00	−8.80	7.33
	2008	−24.22	−21.81	−2.41	0.00	−49.51	6.87
山东	1999	−178.72	−44.39	−78.24	−56.09	−176.59	−7.68
	2000	−347.76	−173.12	−114.39	−60.25	−678.59	−16.22
	2001	−392.25	−205.87	−119.96	−66.42	−782.30	−18.38
	2002	−425.30	−232.81	−120.76	−71.73	−825.60	−25.48
	2003	−540.30	−167.80	−217.55	−154.94	−560.48	−10.49
	2004	−30.87	−30.87	0.00	0.00	−94.55	0.16
	2005	−320.18	−86.55	−136.45	−97.18	−260.75	−4.64
	2006	−11.50	−11.50	0.00	0.00	−30.79	2.17
	2007	−400.30	−107.23	−171.16	−121.90	−293.04	−5.93
	2008	−125.94	−125.94	0.00	0.00	−335.82	−4.98

注：负值表示减少量，正值表示增加量。

表4-8 无统一调度与有统一调度全流域主要指标变化值统计分析

年份	总 GDP /亿元	农业 GDP /亿元	工业 GDP /亿元	三产 GDP /亿元	粮食产量 /万 t	地表水 耗水量/亿 m³
1999	−154.48	−20.15	−78.24	−56.09	−105.21	4.24
2000	−333.56	−158.91	−114.39	−60.25	−645.70	7.72
2001	−379.60	−193.23	−119.96	−66.42	−776.37	2.26
2002	−403.56	−211.07	−120.76	−71.73	−754.18	0.53
2003	−511.95	−139.45	−217.55	−154.94	−511.34	12.53
2004	−23.91	−19.44	−4.47	0.00	−84.95	42.24
2005	−338.57	−96.71	−144.68	−97.18	−285.06	40.29
2006	−0.36	−0.36	0.00	0.00	23.31	67.83
2007	−409.82	−104.10	−183.82	−121.90	−272.79	60.87
2008	−149.50	−147.09	−2.41	0.00	−306.88	62.68
合计	−2705.31	−1090.51	−986.28	−628.51	−3719.17	301.19

注：负值表示减少量，正值表示增加量。

另外，因实行了统一调度，有效保障了对天津、河北的应急调水的实施，其调水量及其效益如表4-9所示。

表4-9 统一调度以来向天津、河北调水量及其效益估算

年份	调水量/亿 m³	调水效益测算/亿元
1999	2.41	40.16
2000	7.70	128.48
2001	2.17	36.13
2002	4.02	67.09
2003	11.26	187.95
2004	10.50	175.25
2005	1.33	22.20
2006	2.96	49.40
2007	1.84	30.71
2008	7.21	120.33
合计	51.40	857.70

统一调度原则要求在枯水期应发电服从于供水，则在该情景下初步估算无统一调度与有统一调度的发电量差异见表 4-10。

表 4-10　无统一调度对照于有统一调度所增加的发电量　　（单位：亿 kW·h）

年份	龙羊峡	刘家峡	万家寨	三门峡	小浪底	流域合计
1999	3.22	0.96	1.07	0.03	3.39	8.67
2000	6.96	1.54	0.87	0.00	8.10	17.47
2001	8.43	1.87	0.44	0.00	5.95	16.69
2002	10.36	1.44	0.16	0.02	2.83	14.81
2003	10.82	1.74	0.04	0.00	0.48	13.08
2004	8.26	1.55	0.60	0.00	4.43	14.83
2005	5.00	2.27	0.49	0.05	2.51	10.31
2006	2.67	2.22	1.20	0.02	4.81	10.91
2007	3.72	2.24	1.34	0.06	4.41	11.78
2008	4.59	2.10	1.37	0.00	7.19	15.25
合计	64.03	17.92	7.58	0.18	44.10	133.80

采用"有统一调度"和"无统一调度"两种情景进行对比分析，可以较全面综合的评价黄河水资源统一调度对流域国民经济发展的影响。从上述情景分析结果可以得出以下初步结论：

1）在设定边界条件的综合作用下，"无统一调度"对应下的情景与现实情景（即调查统计数据）进行对比分析表明，1999～2008 年，统一调度累计避免了 2705 亿元 GDP 和 3719 万 t 粮食产量的损失量。从另一个角度评价，即黄河水量统一调度增加了 2705 亿元的 GDP 和 3719 万 t 的粮食产量。

2）在实行统一调度的 10 年期间，天津和河北累计从黄河流域调水 51.39 亿 m^3。根据水量效果评价成果，如果不实行统一调度，黄河可能出现严重断流，则这些调水量难以保障。也即，黄河统一调度确保了天津和河北 857.70 亿元效益的实现。

3）根据计算分析，统一调度对干流水电站发电有一定的影响，初步测算 10 年累计减少 133.81 亿 kW·h 的发电量，相当于减少了 58.88 亿元的发电效益，和全流域增加的 2705 亿元效益相比，影响较小。从黄河流域总体效益来说，在可能的条件下，发电应服从于供水。

4）从时空分布来看，在各种因素的综合作用下，黄河水量统一调度对上游各省份的经济发展影响较小，但对下游供水区影响较大，尤其是山东省。

5）综合考虑上述各项评估成果，如果 1999～2008 年不实行统一调度，则黄河供水区这10年将会累计减少3504亿元的GDP，约占同期GDP的2.27%。

4.1.5 水情比较分析

从主要断面看，花园口站和利津站1999~2008年逐年逐月有-无统一调度对比分析如图4-1和图4-2所示。

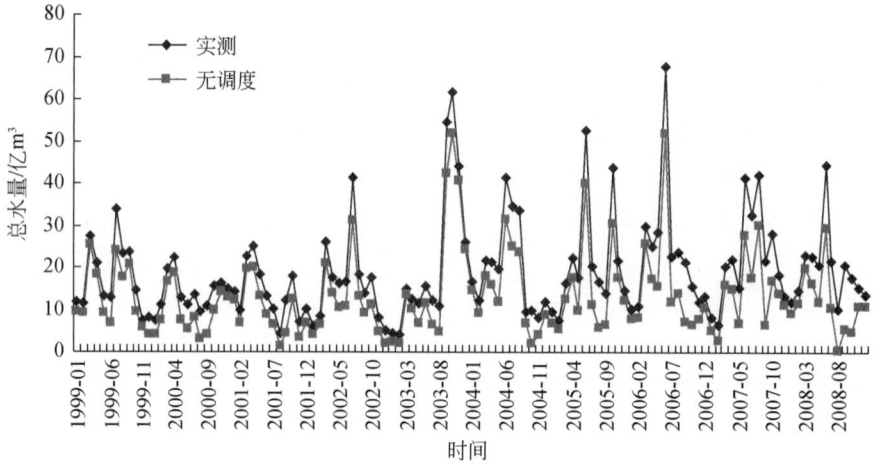

图4-1 花园口站的流量过程对比

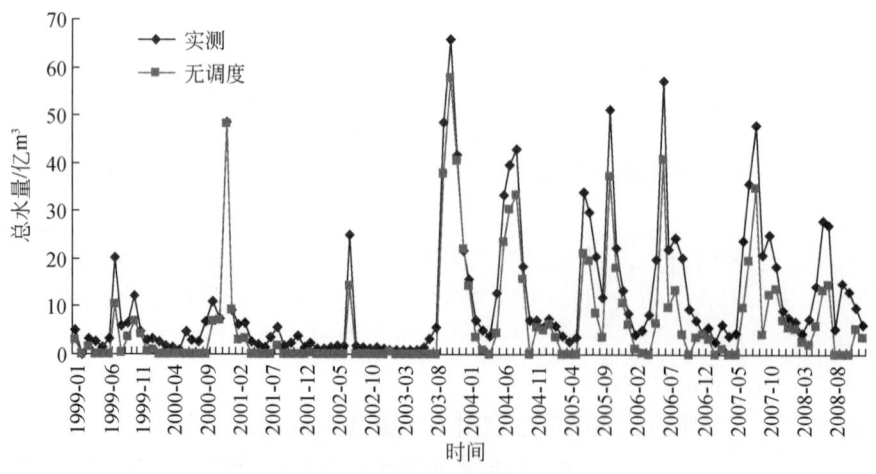

图4-2 利津站的流量过程对比

从图4-1和图4-2可以看出，在不实施水量统一调度的情况下，黄河下游的断流事件将持续发生，甚至在某些月份花园口站也会出现断流。

4.2 黄河水资源承载能力情景分析

基于黄河水资源承载状况，对黄河水资源承载能力进行情景分析，主要内容包括：不同节水、治污情景下的经济社会发展指标预测；节水对经济发展影响程度分析；治污与再生水利用对经济发展影响程度分析；节水、治污与再生水利用对黄河经济社会发展的综合影响分析。这些研究分析重点回答黄河水资源可承载的经济规模、提高水资源承载能力的调控措施及其影响等。

4.2.1 研究思路与方法

本节采取"以供定需"的技术思路，采用供水约束下的宏观经济模型以及水资源与国民经济协调发展整体模型，以节水力度、治污和再生水利用力度为调控关键因子，以基于黄河水资源可供水量为供水约束，以各区域 COD 入河控制量为环境约束，在满足经济、粮食和水质等多目标要求前提下，优化与模拟黄河流域经济社会发展与灌溉面积等发展指标。

从节水、治污和非传统水资源利用角度出发，节水和治污各设定三套情景，由此组合 9 套情景方案。模型、模型边界与参数设定见第 7 章。

4.2.2 情景方案

由于模型体系庞大，系统描述变量多，为了便于成果表达，特选取主要特征变量进行情景方案成果比选和评价（表 4-11）。因数据量庞大，情景方案比选分析以黄河流域总计量为基础。推荐情景将列出各省份特征指标数据。

从表 4-11 可以看出，如果在 2030 年以前不实施南水北调西线和引汉济渭等跨流域调水工程，仅限于黄河水资源的利用，则黄河经济总量 2030 年预计为 7.01 万亿~9.79 万亿元（2005 年价格水平），2005~2030 年年均发展速度为 6.56%~8.00%。

作为目标之一且满足各省份人均粮食产量硬约束要求下，在无外流域调水情况下，2030 年黄河全流域灌溉总面积（包括农田灌溉、林地灌溉、草地灌溉和鱼塘）9425 万~10 122 万亩，全流域粮食总产量预期为 4952 万~5419 万 t。

作为目标之一且满足黄河各省区 COD 入河控制量硬性约束要求下，2030 年在不同发展和节水治污情景下全流域需要削减的 COD 总量为 100 万~170 万 t。为此，需新建 10 万 t 日处理能力的标准污水处理厂 127~190 座，治理投资 660 亿~1000 亿元。

实现上述情景经济社会发展指标，从节水角度看，2005~2030 年需要累计投入的节水投资为 528 亿~1356 亿元。实现的节水量分别为 56 亿~94 亿 m^3。

实现上述情景经济社会发展指标，因当地水资源开发利用以及污水处理回用等措施，2030 年全流域可供水量 2030 年预期为 454 亿~465 亿 m^3，比现状增加 24 亿~35 亿 m^3。需要增加供水投资 906 亿~1095 亿元，主要为回用水的投资。

表 4-11　基于黄河水资源利用的黄河流域发展指标情景预测

节水情形		一般节水	强化节水	超强节水	一般节水	一般节水	强化节水	强化节水	超强节水	超强节水
治污情形		一般治污	一般治污	一般治污	强化治污	超强治污	强化治污	超强治污	强化治污	超强治污
方案代码		000	100	200	010	020	110	120	210	220
GDP /亿元	2005 年	14 306	14 306	14 306	14 306	14 306	14 306	14 306	14 306	14 306
	2020 年	39 924	44 083	47 649	41 933	44 406	45 396	47 027	47 814	48 679
	2030 年	70 083	81 498	93 730	75 671	82 224	86 248	91 293	94 990	97 903
发展速度 /%	2006~2020 年	7.08	7.79	8.35	7.43	7.84	8.00	8.26	8.38	8.51
	2021~2030 年	5.79	6.34	7.00	6.08	6.35	6.63	6.86	7.11	7.24
	2006~2030 年	6.56	7.21	7.81	6.89	7.25	7.45	7.70	7.87	8.00
灌溉总面积 /万亩	2005 年	8 868	8 868	8 868	8 868	8 868	8 868	8 868	8 868	8 868
	2020 年	9 118	9 310	9 462	9 138	9 165	9 332	9 374	9 479	9 514
	2030 年	9 425	9 814	10 050	9 466	9 492	9 848	9 884	10 071	10 122
粮食总产量 /万 t	2005 年	4 377	4 377	4 377	4 377	4 377	4 377	4 377	4 377	4 377
	2020 年	4 853	4 953	5 088	4 859	4 881	4 963	5 002	5 094	5 120
	2030 年	4 952	5 168	5 356	4 959	5 000	5 179	5 223	5 396	5 419
COD 削减量 /万 t	2020 年	70	73	76	83	102	87	106	90	111
	2030 年	100	108	114	127	147	134	157	142	170
节水投资 /亿元	2020 年	306	455	661	310	320	463	476	666	680
	2030 年	528	864	1 294	539	561	885	922	1 314	1 356
节水量 /亿 m³	2020 年	39	50	59	40	41	51	52	59	60
	2030 年	56	77	92	57	59	78	80	92	94
供水投资 /亿元	2020 年	448	447	476	474	549	472	548	475	550
	2030 年	906	896	944	979	1 095	969	1 087	974	1 095
供水量 /亿 m³	2005 年	430	430	430	430	430	430	430	430	430
	2020 年	441	441	443	443	448	443	448	443	448
	2030 年	454	453	456	458	465	457	465	458	465
治污投资 /亿元	2020 年	455	1 173	465	564	714	557	703	576	726
	2030 年	675	1 374	672	852	1 000	829	987	842	998
标准处理厂/座	2020 年	88	88	88	109	139	109	134	110	140
	2030 年	127	124	126	161	191	158	188	160	190

4.2.3 节水情景分析

情景分析即为各情景方案成果之间的比较分析，对一些重要调控要素进行敏感性分析，目的是定量辨析系统中若干要素之间的相互关系。

基于当地水资源利用、无外流域调水的前提下，全流域在一般治污模式情景下的一般节水、强化节水和超强节水模式对应的 GDP，2020 年分别为 3.99 万亿元、4.41 万亿元和 4.76 万亿元，2030 年分别为 7.0 万亿元、8.1 万亿元和 9.4 万亿元（表 4-11）。各情景下 25 年经济发展速度分别为 6.56%、7.21% 和 7.81%。从"正向预测"看，中等发展情景下全流域 2020 年流域 GDP 4.9 万亿元、2030 年为 9.9 万亿元（表 4-11），25 年平均增长率为 8.0%。比较上述数据可见：2020 年全流域 GDP 在一般节水、强化节水和超强节水模式情景下分别比"正向预测"减少 18.4%、10.8% 和 3.6%，2030 年分别减少 29.3%、17.9% 和 5.6%。由此可以看出，即使采取超强节水措施，流域经济发展仍比预期的发展要低，从而说明，黄河水资源不足对经济发展的制约作用十分明显。

从一般节水、强化节水和超强节水三种模式比较分析，对于水资源紧缺且对经济发展有明显制约作用的黄河流域，节水对保障经济发展影响十分显著，节水力度越大，水资源利用效率越高，经济发展速度和规模也越大。如一般治污模式下的 000、100 和 200 三套情景方案，分别代表一般节水、强化节水和超强节水模式，在同样的水资源供给条件下，全流域 25 年年均 GDP 发展速度（表 4-11）：一般节水模式为 6.56%，强化节水模式为 7.21%，而超强节水模式则高达 7.81%。2030 年全流域强化节水模式和超强节水模式下的 GDP 分别比一般节水模式增加 16% 和 33%，增加的 GDP 分别高达 1.14 万亿元和 2.36 万亿元。

"正向预测"全流域第一、第二、第三产业结构由 2005 年的 9.8∶49.9∶40.3 调整为 2020 年的 4.7∶51.8∶43.5，2030 年的 2.9∶49∶48.1。基于当地水资源利用情况，全流域在强化节水（以此为例）下，2020 年的三次产业结构分别为 3.9∶48.3∶47.7，2030 年为 2.3∶46.4∶51.3。两者比较可以发现，水资源约束下的经济发展向节水型、高效型产业结构调整。可见，节水有利于流域产业结构升级。为适应水资源的紧缺形势，黄河流域必须大力调整产业结构，建设节水型国民经济发展体系。

通过上述分析，可以得出两个基本结论：

结论 1，黄河水资源总量不足对黄河流域经济社会发展有明显的制约作用。

结论 2，在水资源不足制约经济发展的黄河流域，节水对黄河流域产业结构升级和经济社会持续、高速发展具有明显促进和保障作用。

4.2.4 治污情景分析

治污情景分析拟对 000、010、020 以及 100、110、120 方案进行对比分析，从对经济发展影响、治污投资以及供水投资（主要为污水处理回用投资）等方面进行分析。

根据模型边界设定，在满足黄河各区域 COD 入河控制量要求前提下，根据表 4-11 数据分析，在同为一般节水情景下，强化治污（010 方案）和超强治污（020 方案）情景分别比一般治污（000 方案）情景，全流域 GDP 2020 年分别增加 2000 亿元和 4500 亿元，增加 5% 和 11.2%；2030 年分别增加 5600 亿元和 12 100 亿元，增加 8% 和 11.3%。强化治污和超强治污情景的平均 GDP 发展速度分别提高 0.33% 和 0.69%。由此可以看出，加强治污对促进黄河流域经济发展有明显的宏观经济效果。

从治污投资看，治污力度加大也即治污投资的增大。例如，2030 年全流域 010 方案、020 方案分别比 000 方案增加 177 亿元和 325 亿元，而增加的 GDP 分别为 5588 亿元和 12 141 亿元；又如 2030 年全流域 110 方案、120 方案分别比 100 方案增加 167 亿元和 325 亿元，而增加的 GDP 分别为 4750 亿元和 9795 亿元。这表明，治污具有明显的宏观经济效果。

从治污情景下回用水量及其投资分析，回用力度加大要求相应的投资增大，但经济效果也十分明显。如 2030 年全流域 010 方案、020 方案比 000 方案回用水量分别增加 4.3 亿 m^3 和 11.7 亿 m^3，回用水投资增加 74 亿元和 189 亿元，而 GDP 分别增加 5588 亿元和 12 141 亿元，回用水投资回报率十分明显。

通过上述分析，可以得出这样结论：水污染治理既可以满足水环境治理目标要求，也有利于促进经济发展，而且治污与污水处理回用投资具有较高的宏观经济效果。

4.2.5 综合情景分析

结合节水情景、治污情景分析成果，从节水、治污、污水处理回用等方案进行综合分析后认为，基于黄河自身水资源下的黄河流域水资源和经济社会协调发展推荐情景方案为 110 方案，推荐情景下各省份主要经济指标见表 4-12，水资源开发利用状况指标见表 4-13。

表 4-12　基于黄河水资源承载能力的黄河经济主要发展指标（推荐情景，110 方案）

分区	年份	总人口/万人	城镇人口/万人	城镇化率/%	GDP/亿元	发展速度	人均GDP/万元	一产比例/%	二产比例/%	三产比例/%	消费率/%	积累率/%	能源比重/%	总灌面/万亩	粮食产量/万 t	人均粮食/kg
黄河流域	2005	11 193	4319	38.6	14 306	7.98	1.28	9.8	49.8	40.3	50.5	55.2	13.8	8 868	4 377	391
	2020	12 649	6 326	50.0	45 246	6.66	3.58	3.9	48.4	47.6	50.1	50.0	14.5	9 309	4 945	391
	2030	13 084	7645	58.4	86 203	7.45	6.59	2.2	46.6	51.2	51.1	48.3	14.4	9 830	5 176	396
青海	2005	455	176	38.6	333	7.75	0.73	12.1	41.4	46.5	54.1	62.4	12.8	314	83	181
	2020	510	269	52.7	1 020	6.81	2.00	5.0	44.0	51.0	50.9	55.1	13.1	337	103	202
	2030	532	325	61.0	1 972	7.37	3.71	2.7	44.5	52.8	50.4	49.7	12.9	356	113	213
甘肃	2005	1 812	473	26.1	1 424	6.95	0.79	11.5	41.5	47.0	67.3	45.0	13.9	820	512	282
	2020	2 041	843	41.3	3 899	5.67	1.91	5.1	47.3	47.6	55.4	49.7	13.3	782	597	292
	2030	2 097	1 029	49.0	6 767	6.43	3.23	3.1	50.6	46.2	51.4	50.1	12.9	814	644	307

续表

分区	年份	总人口/万人	城镇人口/万人	城镇化率/%	GDP/亿元	发展速度	人均GDP/万元	一产比例/%	二产比例/%	三产比例/%	消费率/%	积累率/%	能源比重/%	总灌面/万亩	粮食产量/万t	人均粮食/kg
宁夏	2005	596	208	34.8	606	8.26	1.02	11.9	46.4	41.7	64.5	78.5	17.7	876	600	1 006
	2020	699	325	46.5	1 993	6.66	2.85	4.4	49.6	46.0	53.4	57.3	20.3	929	614	878
	2030	759	400	52.7	3 798	7.62	5.00	2.4	46.6	51.0	50.7	50.3	19.0	977	617	813
内蒙古	2005	821	451	54.9	2 237	8.61	2.72	8.4	45.7	45.9	45.8	72.5	14.1	1 981	513	625
	2020	942	602	63.9	7 718	6.38	8.19	2.9	46.2	50.9	48.1	51.5	14.9	1 814	475	504
	2030	964	670	69.5	14 324	7.71	14.86	1.7	46.9	51.4	52.0	48.9	14.6	1 818	498	517
陕西	2005	2 823	1 188	42.1	3 219	8.26	1.14	9.9	51.2	38.9	46.4	56.0	13.7	1 914	965	342
	2020	3 212	1 798	56.0	10 586	7.41	3.30	3.6	48.2	48.1	49.9	50.7	15.3	1 885	1 092	340
	2030	3 333	2 134	64.0	21 644	7.92	6.49	1.9	45.6	52.5	51.3	48.2	16.5	1 909	1 114	334
山西	2005	2 188	921	42.1	2 288	7.83	1.05	7.4	48.8	43.8	49.1	47.3	20.9	1 264	605	276
	2020	2 532	1 136	44.9	7 090	5.83	2.80	3.4	47.1	49.5	49.8	48.1	21.7	1 604	765	302
	2030	2 638	1 425	54.0	12 498	7.03	4.74	2.1	45.9	52.0	50.5	47.2	21.4	1 756	828	314
河南	2005	1 710	523	30.6	2 452	7.75	1.43	11.9	57.2	30.9	52.0	48.9	9.6	1 135	777	455
	2020	1 890	851	45.0	7 517	6.55	3.98	5.3	53.0	41.8	50.3	48.1	9.8	1 386	957	506
	2030	1 931	1 081	56.0	14 180	7.27	7.34	3.1	47.7	49.2	50.0	47.7	9.8	1 603	1 027	532
山东	2005	788	380	48.1	1 747	7.84	2.22	9.4	53.2	37.4	44.8	49.9	8.9	564	323	409
	2020	823	502	61.0	5 423	7.35	6.59	3.8	48.8	47.4	48.5	48.1	8.4	573	344	418
	2030	830	583	70.2	11 020	7.65	13.27	2.0	45.0	53.0	51.7	47.7	7.9	599	336	405

表 4-13　基于黄河水资源承载能力的黄河水资源利用状况分析（推荐情景，110方案）

分区	年份	河道外需水量/亿 m³ 合计	城乡生活	农业	非农产业	其中能源	生态	河道外供水量/亿 m³ 合计	地表	地下	其他	河道外耗水量	废污水排放量	COD/万t 排放总量	削减总量	水投资/亿元	节水量/亿 m³	标准污水厂/座
黄河流域	2005	429.8	24.8	329.4	71.1	17.5	4.4	429.8	292.9	135.1	1.8	252.5	49.8	137.5	32.0	—	—	—
	2020	443.1	39.8	310.0	86.0	24.1	7.5	443.1	304.0	128.5	10.6	272.4	62.9	157.2	86.8	1492.1	50.6	109
	2030	457.4	48.6	305.8	95.0	27.5	8.0	457.4	308.7	127.1	21.8	285.5	71.1	186.1	134.4	2682.9	78.0	158
青海	2005	19.5	1.2	14.8	3.4	1.0	0.1	19.5	15.3	4.2	0.0	13.5	2.4	5.8	1.9	—	—	—
	2020	20.3	1.7	14.7	3.8	1.3	0.2	20.3	16.2	3.7	0.4	14.3	2.7	4.5	2.5	57.5	2.3	4
	2030	20.9	2.0	14.8	3.9	1.4	0.2	20.9	16.8	3.3	0.8	15.0	2.7	4.5	3.2	102.6	3.5	5
甘肃	2005	44.5	3.4	28.9	11.9	2.7	0.3	44.5	39.8	4.3	0.5	29.0	8.1	17.0	5.9	—	—	—
	2020	45.8	6.1	26.3	13.0	3.0	0.5	45.8	39.0	5.1	1.7	29.9	9.6	19.0	10.5	171.6	6.5	16
	2030	47.4	7.5	26.3	13.0	2.9	0.5	47.4	38.5	5.7	3.2	31.3	10.0	21.1	15.2	285.6	9.3	22

续表

分区	年份	河道外需水量/亿 m³ 合计	城乡生活	农业	非农产业	其中能源	生态	河道外供水量/亿 m³ 合计	地表	地下	其他	河道外耗水量	废污水排放量	COD/万 t 排放总量	削减总量	水投资/亿元	节水量/亿 m³	标准污水厂/座
宁夏	2005	82.7	1.2	76.7	3.6	1.4	1.2	82.7	77.3	5.3	0.1	36.7	2.5	19.5	1.9	—	—	—
	2020	74.2	2.2	65.8	5.0	2.4	1.3	74.2	66.2	7.3	0.6	34.8	3.6	18.5	10.2	149.8	11.6	7
	2030	69.9	2.7	60.5	5.2	2.6	1.4	69.9	60.0	8.7	1.2	33.8	4.0	20.5	14.8	281.5	18.9	8
内蒙古	2005	94.1	2.3	83.6	7.4	2.9	0.7	94.1	68.3	25.7	0.0	46.7	4.6	19.4	2.0	—	—	—
	2020	89.3	3.4	71.8	11.2	4.4	2.9	89.3	65.1	23.1	1.1	48.3	7.0	27.1	15.0	154.7	7.8	14
	2030	89.5	3.9	69.2	13.9	5.4	2.5	89.5	64.0	23.1	2.5	49.3	8.5	35.6	25.7	279.3	12.4	19
陕西	2005	72.1	6.6	48.6	15.6	2.3	1.3	72.1	39.8	31.8	0.5	47.1	12.3	27.4	7.1	—	—	—
	2020	74.7	10.5	45.3	17.4	3.0	1.5	74.7	42.6	29.5	2.6	49.2	14.8	31.4	17.3	274.7	8.3	25
	2030	78.4	12.8	44.3	19.5	3.7	1.8	78.4	44.5	28.5	5.4	51.6	17.0	37.6	27.2	504.1	12.6	39
山西	2005	44.9	4.3	29.5	10.8	3.8	0.3	44.9	20.8	24.0	0.0	30.7	7.6	16.6	5.8	—	—	—
	2020	56.7	7.2	35.4	13.5	5.5	0.6	56.7	33.4	21.8	1.6	39.5	9.8	18.2	10.3	309.6	5.2	17
	2030	62.2	9.3	37.5	14.7	5.8	0.8	62.2	37.7	21.1	3.4	43.4	11.5	21.0	15.2	537.4	7.8	26
河南	2005	50.4	3.9	33.2	12.9	2.7	0.4	50.4	20.0	30.4	0.1	34.2	8.4	15.5	3.2	—	—	—
	2020	59.2	6.0	37.3	15.6	3.8	0.4	59.2	29.9	27.6	1.7	40.9	10.5	19.0	11.0	298.3	6.6	18
	2030	64.8	7.2	39.8	17.3	4.7	0.6	64.8	35.6	25.8	3.5	45.1	11.9	24.9	18.0	551.7	10.0	27
山东	2005	21.6	1.9	14.1	5.5	0.7	0.2	21.6	11.6	9.4	0.6	14.6	3.9	16.1	4.2	—	—	—
	2020	22.9	2.7	13.4	6.5	0.9	0.3	22.9	11.6	10.4	0.9	15.8	4.9	18.1	10.0	75.9	2.3	8
	2030	24.3	3.2	13.4	7.5	1.0	0.2	24.3	11.6	10.9	1.8	16.3	5.5	20.9	15.1	140.7	3.5	12

基于以供水定经济发展的要求，2030 年黄河流域 GDP 预期可达到 8.6 万亿元，计算期内的 25 年经济发展速度为 7.45%；产业结构调整明显，一产、二产、三产比重由 2005 年的 9.8∶49.8∶40.3 调整到 2030 年的 2.2∶46.6∶51.2。能源工业占 GDP 的比重由 2005 年的 13.8%提高到 2020 年的 14.5%和 2030 年的 14.4%。2030 年全流域灌溉面积为 9830 万亩，比 2005 年新增约 960 万亩；2030 年粮食产量可达 5176 万 t，人均粮食产量 396kg，比现状 391kg 略有提高；到 2030 年的 25 年期间包括供水（主要为再生水）、节水和治污投资规模为 2683 亿元，年均节水投资 107 亿元；到 2030 年全流域需新建设 158 座日处理能力 10 万 t 的标准污水处理厂。

2030 年全流域预期供水和需水总量均为 457.4 亿 m³，比 2005 年新增约 28 亿 m³。在新增约 28 亿 m³ 的供水量中，以回用水为主的其他供水增加 20 亿 m³。从 2030 年的需水量构成看，农业需水量比 2005 年减少 24 亿 m³，城乡居民生活增加 24 亿 m³，非农产业增加 24 亿 m³，生态增加 3 亿 m³。需要说明的是，全流域能源工业需水量由 2005 年的 17.5 亿 m³ 增加到 2030 年的 27.8 亿 m³，新增 10.3 亿 m³。

为了满足强化节水目标要求，2006~2030 年，全流域需要节水投资 2682.9 亿元，实现的节水量为 78 亿 m³。

从耗水量来看,2005 年全流域河道外耗水总量为 252 亿 m³,预计到 2030 年将达到 286 亿 m³,增加 34 亿 m³。从废污水排放量看,2005 年全流域工业和城镇废污水排放量 49.8 亿 m³,预计 2030 年将达到 71 亿 m³。

为了满足 2030 年黄河各省份的 COD 入河控制量要求,2030 年全流域需要削减 134 万 t 的 COD,相应需要新建 158 座日处理能力为 10 万 t 的标准污水处理厂。

4.3 外流域调水量配置方案宏观效果情景评估

南水北调西线工程与引汉济渭工程是本次研究的两大外流域调水工程,如何定量评估外流域调水工程对黄河流域经济社会发展的影响是本项研究的重要内容。为此,本节将结合本研究所构建的模型体系,对黄河外流域调水的水量配置方案进行宏观经济效果评估。

4.3.1 研究思路与方法

评估采用多情景"有-无"对比分析方法,重点对 2020 年和 2030 年黄河流域调水量的不同配置方案进行定量分析。评估是在基于黄河当地水资源可利用量、纳污能力以及节水和治污要求基础上进行的,即本章采用"以供定需"的技术思路,采用考虑外调水的供水约束下的宏观经济模型以及水资源与国民经济协调发展整体模型,以节水力度、治污和再生水利用力度以及外流域调水配水方案为关键因子,以考虑外流域调水后的可供水量为供水约束,在满足经济、粮食和水质多目标要求前提下,模拟优化黄河流域经济社会发展及水量配置等指标。本章回答问题包括:外调水对黄河经济社会发展作用;节水与调水的技术经济比较;不同的外调水配水方案评估;对外调水配水方案的建议等。

4.3.2 情景方案成果

本章主要从节水、治污与回用、调水配置方案三方面设置情景方案。根据可能性与可行性组合原则,和采取多情景"有-无"对比分析方法,共生成 8 套组合情景方案。由于模型体系庞大,系统描述变量多,为了便于成果表达,特选取主要特征变量进行情景方案成果比选和评价。因数据量庞大,情景方案比选分析以黄河流域总计量为基础。8 套组合情景特征指标预测成果见表 4-14。

比较基础的是无调水方案,设定三套,选取原因说明如下:

000 方案经济社会发展指标最小,因一般节水、一般治污与回用,无调水,水资源的制约作用最为明显,作为调水对照比选方案。001 方案作为现状发展模式下调水效果分析评价方案。

110 方案作为当地水资源承载能力推荐方案。其论证调水作用的比较方案包括 111 方案、112 方案和 113 方案。

表 4-14 外流域调水水量配置方案宏观经济效果分析

节水情形		一般	一般	强化	强化	强化	强化	超强	超强	超强	超强
治污情形		一般	一般	强化	强化	强化	强化	超强	强化	强化	强化
调水情形		不调水	计划1	不调水	计划1	计划2	计划3	不调水	计划1	计划2	计划3
方案代码		000	001	110	111	112	113	220	211	212	213
GDP /亿元	2005 年	14 306	14 306	14 306	14 306	14 306	14 306	14 306	14 306	14 306	14 306
	2020 年	39 924	42 943	45 246	46 348	46 348	46 348	48 360	48 731	48 731	48 731
	2030 年	70 083	85 334	86 203	97 282	99 117	100 833	97 418	102 813	104 183	105 415
发展速度 /%	2006~2020 年	7.08	7.60	7.98	8.15	8.15	8.15	8.46	8.51	8.51	8.51
	2021~2030 年	5.79	7.11	6.66	7.70	7.90	8.08	7.25	7.75	7.89	8.02
	2006~2030 年	6.56	7.40	7.45	7.97	8.05	8.12	7.98	8.21	8.27	8.32
能源工业占 GDP 比重 /%	2005 年	13.8	13.8	13.8	13.8	13.8	13.8	13.8	13.8	13.8	13.8
	2020 年	14.0	14.3	14.5	14.5	14.5	14.5	14.2	14.7	14.7	14.8
	2030 年	13.7	14.8	14.4	14.9	15.0	15.1	14.0	14.9	15.0	15.1
灌溉总面积 /万亩	2005 年	8 868	8 868	8 868	8 868	8 868	8 868	8 868	8 868	8 868	8 868
	2020 年	9 118	9 405	9 309	9 669	9 669	9 669	9 502	9 826	9 821	9 818
	2030 年	9 425	10 735	9 830	11 258	11 326	11 416	10 091	11 584	11 651	11 802
粮食总产量 /万 t	2005 年	4 377	4 377	4 377	4 377	4 377	4 377	4 377	4 377	4 377	4 377
	2020 年	4 853	4 991	4 945	5 117	5 117	5 115	5 120	5 226	5 223	5 221
	2030 年	4 952	5 599	5 176	5 866	5 902	5 952	5 419	6 118	6 153	6 233
COD 削减量 /万 t	2020 年	70	72	87	87	87	88	111	91	91	91
	2030 年	100	109	134	142	142	143	170	152	150	150
节水投资 /亿元	2020 年	306	316	463	471	471	471	680	674	675	675
	2030 年	528	572	885	945	946	950	1356	1389	1388	1384
节水量 /亿 m³	2020 年	39	40	51	51	51	51	60	59	59	59
	2030 年	56	59	78	81	81	81	94	95	95	95
供水投资 /亿元	2020 年	448	653	472	677	677	677	550	678	678	678
	2030 年	906	2 678	969	2 754	2 844	2 996	1 095	2 753	2 843	2 990
供水量 /亿 m³	2005 年	430	430	430	430	430	430	430	430	430	430
	2020 年	441	452	443	453	453	453	448	454	454	454
	2030 年	454	513	457	518	521	526	465	518	521	526
耗水量 /亿 m³	2005 年	239	239	239	239	239	239	239	239	239	239
	2020 年	271	277	272	279	279	279	274	279	279	279
	2030 年	282	317	286	320	321	324	288	320	321	324
治污投资 /亿元	2020 年	455	490	557	726	586	595	592	25	592	624
	2030 年	675	745	829	998	939	926	930	70	923	923
标准处理厂 /座	2020 年	88	94	109	114	116	116	140	113	119	115
	2030 年	127	141	158	177	175	177	190	175	174	174

220方案为无外流域调水，但节水与治污及回用水利用强度最大，在无外调水中，经济社会发展指标最大。其比照调水方案为211、212和213方案。

4.3.3 外流域调水对黄河流域经济社会发展影响情景分析

外流域调水对黄河流域经济社会发展的影响情景分析，主要从时间与空间角度，对不调水和不同的调水水量配置方案对黄河流域及各省份的GDP、能源工业、粮食生产等宏观经济指标进行对比分析，以便论证调水的宏观经济效果。结合表4-14模型测算成果，有以下认识。

(1) 调水对促进黄河流域经济发展规模有巨大的作用

在采用一般节水、一般治污与回用模式下，实施外流域调水，配水计划1（情景001）流域2030年全流域GDP总量比不调水（情景000）年增加15 251亿元，尤其是在实施调水后的2021~2030年全流域经济增长速度7.1%，比不调水的5.8%提高1.3个百分点；即使在强化节水、强化治污情形下，2030年全流域GDP配水计划1（情景111）也比不调水的110情景增幅为13%，增加GDP高达11 079万亿元。综合比较其他方案均表明，实施外流域调水的效益巨大。

(2) 对能源基地建设的支撑作用

黄河流域能源资源十分丰富，在国家能源安全格局中占据十分重要的地位。2005年，能源工业（本模型定义其为国民经济42部门中的煤炭采选业、石油天然气加工业和电力工业）增加值占流域GDP总量的13.8%，约占流域工业总增加值1/3（32.2%）。根据有关规划，以流域内陕晋宁蒙为核心的能源基地在我国能源安全格局中的地位将进一步提高，因为流域能源工业未来将实现优先大发展。

根据模型对不同情景进行计算，在不调水情况下，一般节水和一般治污下2020年和2030年全流域能源工业占GDP比重分别为14%和13.7%，超强节水超强治污下则2020年和2030年分别为14.2%和14.0%，均表现为2020年比重最大，而2030年则比2020年有所下降。这表明，节水对能源工业发展有明显促进作用，主要体现在通过节水实施其他行业节约的水量来支撑能源工业发展，但2020年后影响作用减弱。

在调水情形下，全流域能源工业比重持续上升。从表4-14各调水情景方案下，2020年和2030年能源工业占GDP比重均呈不同程度上升，且调水配置水量越大，其能源工业占GDP比重越大。例如，到2030年，调水计划1、计划2和计划3下的111方案、112方案和113方案能源工业比重分别为14.9%、15.0%和15.1%，均比110方案的14.4%大。

上述定量数据分析表明，外流域调水对促进黄河流域能源工业发展影响明显，调水对黄河流域国家能源基地建设将具有重要作用。

(3) 对粮食生产的作用

黄河流域是我国重要的商品粮生产基地，在我国粮食安全格局中的地位举足轻重，保障和发展充足的灌溉面积对巩固并发展流域商品粮基地十分关键。2005年，黄河流域总灌溉面积8868万亩（表4-14），粮食总产量4377万t。相比2005年，不考虑调水，未来黄河流域最大可新增灌溉面积和粮食产量分别约为1224万亩和1042万t（情景220）。考虑调水后，即使是调水量河道外配水量最小计划1，到2030年，001、111和211三情景下的灌溉面积也比2005年新增1867万亩、2390万亩和2716万亩，粮食产量分别新增1222万t、1489万t和1742万t。

由此可以看出，外流域调水对巩固建设黄河流域商品粮基地作用巨大。

(4) 不同调水计划对流域经济布局与结构的影响

比较三个调水方案可知（表4-15），不同的调水配置方案对流域各省区经济发展影响显著。计划1、计划2和计划3分别比无调水方案增加58亿m³、61亿m³和66亿m³的调水供水量，从流域总量看，这些调水量使流域GDP总量增幅分别为12.85%、14.39%和15.79%。并扩大灌溉面积分别为1426万亩、1494万亩和1585万亩。各省份情况见表4-15。

表4-15　2030年不同调水计划对黄河流域各省份经济影响比较

省（自治区）	GDP/亿元 111	GDP/亿元 112	GDP/亿元 113	灌溉面积/万亩 111	灌溉面积/万亩 112	灌溉面积/万亩 113	调水量/亿m³ 111	调水量/亿m³ 112	调水量/亿m³ 113	GDP空间构成/% 2005年	GDP空间构成/% 113	GDP增幅/% 111	GDP增幅/% 112	GDP增幅/% 113
青海	340	340	340	107	107	107	5	5	5	2.33	2.32	17.26	17.26	17.26
甘肃	509	509	509	255	255	255	8	8	8	9.95	7.29	7.52	7.52	7.52
宁夏	238	477	715	159	193	256	9.6	11.6	15.3	4.24	4.52	6.28	12.55	18.83
内蒙古	669	1 213	1 757	363	369	375	14.2	14.7	15.2	15.63	16.11	4.67	8.47	12.27
陕西	7 345	7 888	8 312	543	572	592	19.2	19.7	20.5	22.50	30.01	33.93	36.44	38.40
山西	1 978	1 978	1 978	0	0	0	2	2	2	15.99	14.50	15.83	15.83	15.83
河南	0	0	0	0	0	0	0	0	0	17.14	14.21	0.00	0.00	0.00
山东	0	0	0	0	0	0	0	0	0	12.21	11.04	0.00	0.00	0.00
合计	11 079	12 405	13 612	1 426	1 494	1 585	58	61	66	100.00	100.00	12.85	14.39	15.79

注：GDP和灌溉面积的数据为111方案、112方案、113方案与无调水的110方案差值。

青海省：2030年增加5亿m³调水量，和110方案比较，GDP增加340亿元、灌溉面积增加107万亩，GDP增幅17.26%。

甘肃省：2030年增加8亿m³调水量，和110方案比较，GDP增加509亿元、灌溉面积增加255万亩，GDP增幅7.52%。是受益省份中GDP增幅最小的。也由此导致该省GDP占流域比重由2005年的9.95%下降到2030年的7.29%。

宁夏：2030年增加的调水量，计划1、计划2和计划3分别为9.6亿m³、11.6亿m³和15.3亿m³。和110方案比较，各计划下的GDP分别增加238亿元、477亿元和715亿元，增幅分别为6.28%、12.55%和18.83%。与此同时，灌溉面积分别增加159万亩、193万亩和256万亩。

内蒙古：2030 年增加的调水量，计划 1、计划 2 和计划 3 分别为 14.2 亿 m³、14.7 亿 m³ 和 15.2 亿 m³。和 110 方案比较，各计划下的 GDP 分别增加 669 亿元、1213 亿元和 1757 亿元，增幅分别为 4.67%、8.47% 和 12.27%。与此同时，灌溉面积分别增加 363 万亩、369 万亩和 375 万亩。

陕西省：2030 年不同调水计划下配水量分别为 19.2 亿 m³、19.7 亿 m³ 和 20.5 亿 m³，而增加的 GDP（和无调水的 110 方案比较）分别为 7345 亿元、7888 亿元和 8312 亿元，调水效益十分明显，分别比 110 方案的 GDP 增幅 33.93%、36.44% 和 38.4%。该省 GDP 占黄河流域 GDP 的比重由 2005 年的 22.5% 上升到 30.01%（113 方案）。同时，灌溉面积也比 110 方案增加 540 万~600 万亩。

山西省：2030 年增加 2 亿 m³ 调水量，和 110 方案比较，GDP 增加 1978 亿元，GDP 增幅 15.83%。

河南和山东两省调水计划没有增加其供水量，各调水计划中其占流域 GDP 比重均有所下降。

4.3.4　外流域调水对维持黄河健康生命的作用

维持黄河健康生命主要调控因素是保障黄河生态用水的要求。为此，从水量平衡角度对黄河流域经济社会用水与生态环境用水进行平衡分析。表 4-16 反映了不同水平年、不同情景下河道外水资源消耗量情况。

从表 4-16 可知，现状情况下黄河流域内经济社会消耗的水资源量为 252.5 亿 m³，基于黄河水资源利用情形下的经济社会耗水量 2030 年为 282.2 亿~288.1 亿 m³（表 4-11，000 方案、100 方案、220 方案），比现状增加 29.7 亿~35.6 亿 m³。这表明，如果黄河流域没有外流域调水，不管采取多大的节水与治污力度，黄河水资源消耗量仍会随着经济社会发展而增加。也即，没有外流域调水情形下，未来黄河流域生态用水还将减少 29.7 亿~35.6 亿 m³。

分析可知，如果实施外流域调水，2030 年黄河流域内增加的水量为 15 亿 m³（引汉济渭）+80 亿 m³（西线一期）−4 亿 m³（石羊河）= 91 亿 m³。在实施外流域调水后经济社会系统消耗的水资源量为 316.7 亿~323.9 亿 m³，比现状增加 64.2 亿~71.4 亿 m³。和外流域调入的 91 亿 m³ 相比，黄河流域生态用水量增加 19.6 亿~26.8 亿 m³。可以看出，外流域调水可明显增加黄河生态用水量。

表 4-16　黄河流域不同情形下河道水资源消耗量情景预测　　（单位：亿 m³）

节水情形		一般	强化	超强	一般	强化	强化	强化	超强	超强
治污情形		一般	强化	超强	一般	强化	强化	强化	强化	强化
调水情形		不调水	不调水	不调水	计划 1	计划 1	计划 2	计划 3	计划 1	计划 2	计划 3
方案代码		000	110	220	001	111	112	113	211	212	213
2020 年	青海	14.3	14.3	14.3	14.2	14.3	14.3	14.3	14.2	14.2	14.2
	甘肃	29.9	29.9	30.4	29.8	29.9	29.9	29.9	29.8	29.8	29.8
	宁夏	34.7	34.8	34.8	34.7	34.7	34.8	34.8	34.7	34.7	34.7

续表

节水情形	一般	强化	超强	一般	强化	强化	强化	超强	超强	超强
治污情形	一般	强化	超强	一般	强化	强化	强化	强化	强化	强化
调水情形	不调水	不调水	不调水	计划1	计划1	计划2	计划3	计划1	计划2	计划3
方案代码	000	110	220	001	111	112	113	211	212	213
2020年 内蒙古	48.3	48.3	48.2	48.3	48.3	48.3	48.3	48.0	48.1	48.1
陕西	48.6	49.2	49.3	55.5	56.0	56.0	56.0	55.9	56.0	56.0
山西	39.2	39.5	39.7	39.1	39.4	39.4	39.4	39.3	39.3	39.3
河南	40.4	40.9	41.8	40.4	40.9	40.9	40.9	41.3	41.3	41.3
山东	15.4	15.5	15.6	15.4	15.5	15.5	15.5	15.4	15.4	15.4
合计	270.8	272.4	274.1	277.4	279.0	279.1	279.1	278.6	278.8	278.8
2030年 青海	14.8	15.0	15.0	18.6	18.6	18.6	18.6	18.6	18.6	18.6
甘肃	31.0	31.3	31.8	36.9	37.2	37.2	37.2	37.1	37.1	37.1
宁夏	33.9	33.8	33.7	37.8	37.8	38.7	40.4	37.7	38.6	40.2
内蒙古	49.1	49.3	49.4	55.8	56.0	56.6	55.8	56.1	56.4	
陕西	50.5	51.6	51.8	63.7	64.6	65.1	65.6	64.3	64.7	65.5
山西	42.6	43.4	43.5	43.6	44.0	44.0	44.0	44.1	44.1	44.1
河南	44.1	45.1	46.4	44.1	45.2	45.2	45.2	45.7	45.7	45.7
山东	16.2	16.3	16.5	16.2	16.3	16.3	16.3	16.3	16.3	16.3
合计	282.2	285.8	288.1	316.7	319.7	321.4	323.9	319.6	321.2	323.9

4.4 黄河流域案例研究小结

运用黄河水资源与环境经济协调发展模型，分析了黄河流域水资源统一调度对流域国民经济发展的影响；基于黄河水资源承载能力分析了黄河经济社会发展指标；分析了外流域调水对促进黄河流域经济社会发展的影响及生态环境效应。

(1) 定量评估了黄河实施水量统一调度宏观经济效果

评估的主要方法是"情景对比分析法"，即通过对所设定的"无统一调度"情景进行重现模拟，和"有统一调度情景"进行对比分析。主要评估手段为构建"水资源统一调度宏观经济分析模拟模型"。通过本研究成果初步分析，本研究所开发构建的"水资源统一调度宏观经济分析整体模型"是一种有效的定量分析方法，具有推广应用价值。

通过对黄河流域1999~2008年的逐年模拟重现结果分析和评价，如果1999~2008年不实行统一调度，则整个黄河供水区在统一调度的10年内，有可能累计减少3504亿元的GDP，约占同期GDP的2.27%，避免了3719万t粮食产量的损失。根据模拟计算，统一调度对干流水电站发电有一定的影响，初步测算10年累计减少133.81亿kW·h的发电量，相当于减少了58.88亿元的发电效益，和全流域增加的效益相比，影响较小。这意味着，从黄河流域总体效益来说，在可能的条件下，发电应服从于供水。从时空分布来看，在各种因素的综合作用下，黄河水量统一调度对上游的各省份经济发展影响较小，但对下游供水区影响较大，尤其是山东省。因而，统一调度对于黄河经济区的持续发展具有极其重要的意义。黄河统一调度具有明显的水量效果，确保黄河不断流，且提高了黄河流域整体用水效率，并为黄河流域生态环境改善与修复提供了水资源的保障。

分析结果表明，在不实施水量统一调度的情况下，黄河下游的断流事件将持续发生，甚至在某些月份花园口站也会出现断流。另外，统一调度明显增加了入海水量，这些水量对于河口生态环境修复具有较大作用。

(2) 设置多情景分析方案，基于水资源承载状况下分析了黄河水资源与经济社会协调发展指标

根据供水约束下的宏观经济预测模型和整体模型多情景计算结果，黄河流域在无外流域调水、基于黄河流域水资源可供水量以及纳污能力等规划要求下，经济社会发展指标为：2030年全流域GDP预期为8.6万亿元，年均发展速度7.4%；能源工业占GDP的比重由2005年的13.8%提高到2030年的14.4%。2030年全流域灌溉面积为9830万亩，新增约960万亩；粮食产量可达5176万t，人均粮食产量396kg，比现状391kg略有提高。到2030年的25年期间包括供水（主要为再生水）、节水和治污投资规模为2700亿元，年均水投资110亿元；为了满足强化节水目标要求，25年间全流域需要节水投资885亿元，实现的节水量为78亿m^3；为了满足各省份COD入河控制量要求，2030年全流域需要削减134万t的COD，新建设158座日处理能力10万t的标准污水处理厂。上述预测表明，黄河流域水资源总量不足对黄河经济社会发展产生了较大的制约作用。

(3) 定量评估了外流域调水的宏观经济效果

采用多情景"有-无"对比分析方法，运用供水约束下的宏观经济预测模型和水资源与社会经济协调发展整体模型测算结果表明，外流域调水对促进黄河流域经济社会持续发展有巨大的促进作用。根据模型测算，实施外流域调水，即使在河道外配水量最小情景下GDP预计达到8.53万亿元，比无外流域调水情景净增加1.53万亿元，尤其是在实施调水后的2021~2030年全流域经济增长速度7.1%，比不调水的5.8%提高1.3个百分点；即使在强化节水、强化治污情形下，2030年全流域GDP配水计划1也比无调水情景增加13%，增加GDP高达1.1万亿元。综合比较其他方案表明，实施外流域调水的宏观经济效益十分巨大。

外流域调水是建设"能源流域"重要水资源保障措施。研究表明，仅通过节水和当地水资源利用支撑能源工业大发展潜力有限，且2020年后将难以为继。在各种调水情形下，全流域能源工业比重可维持持续上升。2030年，实施南水北调西线调水工程后能源工业占GDP比重将达到14.9%~15.1%，比无调水情形的提高幅度十分明显。

外流域调水可有效促进黄河流域粮食生产能力。外流域调水量原则上是保障能源工业及城镇发展用水要求，但通过水量置换以及水量循环利用，可有效增加农业用水量。根据模型测算，即使是调水量河道外配水量最小计划1，到2030年，不同节水和治污力度下的001、111和211三方案下的灌溉面积也比2005年新增1867万亩、2390万亩和2716万亩，粮食产量分别新增 1222 万 t、1489 万 t 和 1742 万 t。

(4) 初步评估了外流域调水对维护健康黄河的作用

根据模型测算，无外流域调水情形下，因经济社会发展需水量的增加，未来黄河流域生态用水还可能减少 30 亿～35 亿 m³。实施外流域调水，黄河流域经济社会系统消耗的水资源量比现状增加 64 亿～71 亿 m³，黄河流域生态用水量将增加 20 亿～27 亿 m³。可以看出，节水、治污、再生水利用等措施可以缓解经济社会发展用水矛盾，但却减少了黄河生态环境的用水量，危及健康黄河建设；外流域调水既能增加经济社会发展用水需求，也真实增加了黄河生态环境用水量。可以认为，外流域调水是维持黄河长治久安和健康生命的核心措施。

第 5 章 海河流域水资源配置整体模型与情景设置

本章结合海河流域的基本情况,介绍了整体模型在海河流域应用的时空分区、节点概化和重要参数设定,并给出了海河流域整体模型的边界条件和情景设置。

5.1 海河流域概况与整体模型设置

5.1.1 海河流域概况

海河流域位于112°E~120°E、35°N~43°N,西依云中山、太岳山,北接内蒙古高原,东临渤海,南界黄河。流域总面积32万 km²,约占全国的3.3%;西北部为山地和高原,面积18.96万 km²,占全流域的59%;东部和东南部为广阔平原,面积13.10万 km²,占全流域的41%。海河流域包括滦河、海河和徒骇马颊河三个水系。滦河水系包括滦河及冀东沿海诸河;海河水系包括北三河(蓟运河、潮白河、北运河)、永定河、大清河、子牙河、黑龙港及运东地区(南排河、北排河)、漳卫河等河系;徒骇马颊河水系包括徒骇河、马颊河和德惠新河等平原河流。水资源分区见表5-1。

表 5-1 海河流域水资源分区

水资源分区名称			面积/km²
一级	二级	三级	
海河	滦河及冀东沿海	滦河山区	44 070
^	^	滦河平原及冀东沿海诸河	10 460
^	^	小计	54 530
^	海河北系	北三河山区	21 630
^	^	永定河册田水库以上	19 182
^	^	永定河册田水库至三家店区间	25 997
^	^	北四河下游平原	16 617
^	^	小计	83 426

续表

水资源分区名称			面积/km²
一级	二级	三级	
海河	海河南系	大清河山区	18 807
		大清河淀西平原	12 323
		大清河淀东平原	14 309
		子牙河山区	30 943
		子牙河平原	15 385
		漳卫河山区	25 326
		漳卫河平原	9 536
		黑龙港及运东平原	22 444
		小计	149 073
	徒骇马颊河	徒骇马颊河	33 012
		小计	33 012
合计			320 041

　　海河流域气候类型为温带半湿润、半干旱大陆性季风气候。春季气温升高快，水面蒸发量大，降水量较少；夏季气候湿润，降水量较多；秋季东南季风减退，降水量减少；冬季气候干冷，雨、雪稀少。年均气温约 0～14.5℃。降水量年际、年内变化都很大。1956～2000 年多年平均降水量 535mm，共出现 15 个丰水年，含 4 个连丰段，最长持续 3 年；共出现 17 个枯水年，含 4 个持续两年的连枯段。全年 75%～85% 的降水量集中在汛期（6～9 月）。降水量空间分布受地形影响明显。沿太行山、燕山迎风坡的多雨带，多年平均降水量超过 600mm，而背风山区、东南平原区分别为 450～550mm、500～550mm。水面蒸发量年内分配很不均衡，5、6 月最大，蒸发量约占全年的 30%；12 月至翌年 1 月最小，仅占全年的 5%。

　　1956～2000 年，海河流域多年平均地表水资源量为 216 亿 m³，其中山区 164 亿 m³，占 75.9%，平原区 52 亿 m³，占 24.1%。地表水资源量的时空分布特征与降水基本相同，但变化幅度更大。1956～2000 年，共出现 14 个丰水年，其中有 4 个连丰段（1958～1959 年、1962～1964 年、1977 年～1978 年、1994～1996 年），最长连丰段为 3 年；共出现 21 个枯水年，其中有 3 个连枯段（1980～1987 年、1992～1993 年、1999～2000 年），最长连枯段为 8 年。偏丰年径流量为 283 亿 m³，平均年径流量为 201 亿 m³，偏枯年径流量为 100 亿 m³（朱梅和吴敬学，2010）。1956～2000 年，流域平均入海水量 101 亿 m³，占地表水资源量的 46.8%，但入海水量减小趋势明显。1980～2000 年，年平均浅层地下水资源量为 235 亿 m³，较 1956～1979 年（268 亿 m³）减少 12.6%，究其原因，主要为降水量和地表水体补给量减少、地下水埋深增加不利于地下水补给。

1956~2000年，海河流域年平均水资源总量为370亿 m^3，最大值出现在1964年，为734亿 m^3，最小值出现在1999年，仅189亿 m^3。流域人均水资源量仅270 m^3，为全国水平（2109 m^3）的12.8%，是全国人均水资源量最少的流域。

海河流域地跨北京、天津、河北、山西、河南、山东、内蒙古和辽宁等8个省（自治区、直辖市）。北京、天津全部属于海河流域；河北约91%属于海河流域，总面积17.16万 km^2，占全流域的53.5%；山西、河南、山东、内蒙古及辽宁部分属于海河流域。2005年，全流域共有建制市57个，其中地级以上建制市33个。海河流域行政分区见表5-2。

表5-2 海河流域行政分区

省级行政区	地级行政区	省级行政区	地级行政区	省级行政区	地级行政区
北京	北京市	河南	安阳	河北	张家口
天津	天津市		鹤壁		承德
山西	大同		新乡		沧州
	阳泉		焦作		廊坊
	长治		濮阳		衡水
	晋城	山东	济南		石家庄
	朔州		东营		唐山
	晋中		德州		秦皇岛
	忻州		聊城		邯郸
内蒙古	锡林郭勒盟		滨州		邢台
	乌兰察布市	辽宁	朝阳—葫芦岛		保定

海河流域人口密度大，总量持续增加，城镇化率迅速上升，人口分布主要集中在京津平原地区和水资源条件相对较好的山前平原。1980~2005年，城镇人口从2289万增至5545万，城镇生活和环境用水从9.63亿 m^3 增至39.24亿 m^3（刘德民，2011）。2007年海河流域各省份人口统计见表5-3。

表5-3 2007年海河流域各省份人口统计表

省（自治区、直辖市）	总人口/万人	城镇人口/万人	城镇化率/%	人口密度/（人/km^2）
北京	1 633	1 380	84.5	995
天津	1 115	851	76.3	935
河北	6 898	2 776	40.2	402
山西	1 181	523	44.3	200
河南	1 226	549	44.8	799
山东	1 543	404	26.2	499
内蒙古	73	29	39.4	54
辽宁	24	3	12.9	141
合计	13 693	6 514	47.6	427

海河流域为经济较发达地区，20世纪80年代以来经济快速发展的同时产业结构也不断调整，第一产业所占比重下降、第三产业所占比重上升，经济增长方式由外延型逐步转变为内涵型。2007年流域GDP为3.56万亿元，占全国的12.9%，第一、二、三产业所占比例分别为8%、48%、44%。

海河流域是重要的工业基地和高新技术产业基地，在国家经济发展中具有重要战略地位（王文生，2007），现已形成了以京津唐、环渤海湾及京广、京沪铁路沿线城市为中心的工业生产布局。海河流域也是我国的粮食主产区之一。

海河流域水资源时空分布不均，易出现连枯连丰年，人均水资源量全国最低，而人口持续增长、经济迅速发展、在全国占有重要战略地位，这些特殊性造成了流域水资源系统面临着诸多挑战、可持续发展受到严重威胁。主要问题有以下四点。

1) 资源型缺水严重，供需矛盾尖锐。近30年来，受气候变化的影响，降水量明显减少，受人类活动的影响下垫面条件发生显著改变，由此导致海河流域水资源量呈减少趋势，且未来水资源情势也并不乐观。目前，海河流域水资源开发利用率已超过90%，远高于国际公认的维持人与自然和谐的上限值30%，并远超过海河流域允许的最大开发利用率（王西琴和张远，2008）。然而供需矛盾依然尖锐，主要表现在农业用水不足（受挤占）、地下水超采严重、地表水过度利用等。

2) 区域发展不协调。近些年来，遇干旱年份，北京、天津等地多次被迫采取限制用水、启用备用水源、加大地下水开采和外调水等应急措施，不同地区之间水资源供给不平衡，存在争水矛盾。

3) 用水效率低、供水水源单一。受技术条件和经济条件的制约，水资源利用效率低，节水措施不完善，生活和生产中水资源的浪费仍然比较普遍。供水水源以地下水和地表水为主，非常规水源（如雨水、淡化后海水等）所占比例很小，供水结构比较单一。

4) 污染问题严重，水环境不断恶化。据《2005年海河流域水资源公报》，北三河、子牙河、漳卫南运河、海河干流和徒骇马颊河劣Ⅴ类水质标准的河长超过50%，其中海河干流和徒骇马颊河全年处于严重污染状态。

5.1.2 海河流域整体模型时空范围设定

对于海河流域，模型的基本单元按照三级区套省进行划分，以全国水资源综合规划的三级分区划分为标准，海河流域三级区共15个，则三级区套省基本单元共35个。模型的海河流域分区见表5-4。

表5-4 海河流域三级区套省分区信息

单元编码	三级区	省（自治区、直辖市）	所属二级区
C010100NM	滦河山区	内蒙古	滦河及冀东沿海
C010100LN	滦河山区	辽宁	滦河及冀东沿海
C010100HB	滦河山区	河北	滦河及冀东沿海

续表

单元编码	三级区	省（自治区、直辖市）	所属二级区
C010200HB	滦河平原及冀东沿海诸河	河北	滦河及冀东沿海
C020100HB	北三河山区（蓟运河、潮白河、北运河）	河北	海河北系
C020100BJ	北三河山区（蓟运河、潮白河、北运河）	北京	海河北系
C020100TJ	北三河山区（蓟运河、潮白河、北运河）	天津	海河北系
C020200NM	永定河册田水库以上	内蒙古	海河北系
C020200SX	永定河册田水库以上	山西	海河北系
C020300NM	永定河册田水库至三家店区间	内蒙古	海河北系
C020300SX	永定河册田水库至三家店区间	山西	海河北系
C020300HB	永定河册田水库至三家店区间	河北	海河北系
C020300BJ	永定河册田水库至三家店区间	北京	海河北系
C020400BJ	北四河下游平原	北京	海河北系
C020400HB	北四河下游平原	河北	海河北系
C020400TJ	北四河下游平原	天津	海河北系
C030100SX	大清河山区	山西	海河南系
C030100HB	大清河山区	河北	海河南系
C030100BJ	大清河山区	北京	海河南系
C030200BJ	大清河淀西平原	北京	海河南系
C030200HB	大清河淀西平原	河北	海河南系
C030300HB	大清河淀东平原	河北	海河南系
C030300TJ	大清河淀东平原	天津	海河南系
C030400SX	子牙河山区	山西	海河南系
C030400HB	子牙河山区	河北	海河南系
C030500HB	子牙河平原	河北	海河南系
C030600SX	漳卫河山区	山西	海河南系
C030600HN	漳卫河山区	河南	海河南系
C030600HB	漳卫河山区	河北	海河南系
C030700HN	漳卫河平原	河南	海河南系
C030700HB	漳卫河平原	河北	海河南系
C030800HB	黑龙港及运东平原	河北	海河南系
C040100HN	徒骇马颊河	河南	徒骇马颊河
C040100HB	徒骇马颊河	河北	徒骇马颊河
C040100SD	徒骇马颊河	山东	徒骇马颊河

5.2 海河流域水资源配置情景边界设定

5.2.1 节水力度情景分析

海河流域自20世纪80年代以来大力实施节约用水措施,提高了用水效率,取得了显著成效。但是生产生活领域仍具有相当的节水潜力,需要通过强化水资源统一管理、制定合理的水价政策和一定的经济投入来实现。

海河流域节水可以分为城市社会节水、工业节水和农业节水三个方面。虽然海河流域城镇生活用水指标基本与其所处的经济生活水平相适应,但仍有许多方面需要改善,其节水潜力通过普及节水器具、降低供水管网损失、提高水价减少浪费及开展中水利用等手段进行;海河流域的工业生产用水近年开始呈现零增长的势头,但这并不反映真实需水状况,很大程度要考虑到近些年流域经济正处于转型期的特殊情况,综合分析流域工业用水定额,与发达国家相比,还有3~5倍的差距,有些地区甚至更多,其节水潜力可通过提高水重复利用率、调整工业结构、改进生产工艺等手段实现;海河农业用水近些年徘徊在330亿 m^3 左右,一方面是由于灌溉面积的基本稳定,另一方面是节水灌溉技术的推广。单从灌溉技术上讲,农业用水仍有一定的节水空间,可通过发展节水灌溉技术、采用饥饿灌溉制度、调整种植结构等手段实现。

不同节水措施有不同节水计算方法,为统一节水潜力,我们以流域各省份2005年的用水定额为标准,拟定在每个规划年用水定额与现状用水定额的相对值,称为节水力度。根据流域历史水资源生产力发展及2005年流域实际用水水平,参照国内外的水资源利用效率,分析了流域今后的政策、技术及文化等方面对节水的影响,拟定了高节水和中节水两个水平作为节水措施分析因子。

高节水力度要求到2030年,农业综合用水定额降低到现状的73%,工业综合用水定额降低到现状的40%;中节水力度要求到2030年,农业综合用水定额降低到现状的80%,工业综合用水定额降低到现状的50%。城市生活用水在考虑实际用水定额增加和公共浪费减少等因素,其用水定额也有一定程度的调整。流域内各主要省份不同节水力度设计指标具体数据见表5-5~表5-7。

表5-5 不同节水力度下的工业节水率

省（自治区、直辖市）	中节水力度						高节水力度					
	2005年	2010年	2015年	2020年	2025年	2030年	2005年	2010年	2015年	2020年	2025年	2030年
北京	1	0.9	0.8	0.7	0.6	0.5	1	0.8	0.7	0.6	0.5	0.4
天津	1	0.9	0.8	0.7	0.6	0.5	1	0.8	0.7	0.6	0.5	0.4
河北	1	0.9	0.8	0.7	0.6	0.5	1	0.8	0.7	0.6	0.5	0.4
山西	1	0.9	0.8	0.7	0.6	0.5	1	0.8	0.7	0.6	0.5	0.4
河南	1	0.9	0.8	0.7	0.6	0.5	1	0.8	0.7	0.6	0.5	0.4
山东	1	0.9	0.8	0.7	0.6	0.5	1	0.8	0.7	0.6	0.5	0.4
内蒙古	1	0.9	0.8	0.7	0.6	0.5	1	0.8	0.7	0.6	0.5	0.4
辽宁	1	0.9	0.8	0.7	0.6	0.5	1	0.8	0.7	0.6	0.5	0.4

表 5-6 不同节水力度下的农业节水率

省（自治区、直辖市）	中节水力度						高节水力度					
	2005 年	2010 年	2015 年	2020 年	2025 年	2030 年	2005 年	2010 年	2015 年	2020 年	2025 年	2030 年
北京	1	0.95	0.92	0.88	0.85	0.8	1	0.92	0.88	0.82	0.78	0.73
天津	1	0.95	0.92	0.88	0.85	0.8	1	0.92	0.88	0.82	0.78	0.73
河北	1	0.95	0.92	0.88	0.85	0.8	1	0.92	0.88	0.82	0.78	0.73
山西	1	0.95	0.92	0.88	0.85	0.8	1	0.92	0.88	0.82	0.78	0.73
河南	1	0.95	0.92	0.88	0.85	0.8	1	0.92	0.88	0.82	0.78	0.73
山东	1	0.95	0.92	0.88	0.85	0.8	1	0.92	0.88	0.82	0.78	0.73
内蒙古	1	0.95	0.92	0.88	0.85	0.8	1	0.92	0.88	0.82	0.78	0.73
辽宁	1	0.95	0.92	0.88	0.85	0.8	1	0.92	0.88	0.82	0.78	0.73

表 5-7 不同节水力度下的生活节水率

省（自治区、直辖市）	中节水力度						高节水力度					
	2005 年	2010 年	2015 年	2020 年	2025 年	2030 年	2005 年	2010 年	2015 年	2020 年	2025 年	2030 年
北京	1	0.95	0.92	0.88	0.85	0.8	1	0.92	0.88	0.82	0.78	0.73
天津	1	0.95	0.92	0.88	0.85	0.8	1	0.92	0.88	0.82	0.78	0.73
河北	1	0.95	0.92	0.88	0.85	0.8	1	0.92	0.88	0.82	0.78	0.73
山西	1	0.95	0.92	0.88	0.85	0.8	1	0.92	0.88	0.82	0.78	0.73
河南	1	0.95	0.92	0.88	0.85	0.8	1	0.92	0.88	0.82	0.78	0.73
山东	1	0.95	0.92	0.88	0.85	0.8	1	0.92	0.88	0.82	0.78	0.73
内蒙古	1	0.95	0.92	0.88	0.85	0.8	1	0.92	0.88	0.82	0.78	0.73
辽宁	1	0.95	0.92	0.88	0.85	0.8	1	0.92	0.88	0.82	0.78	0.73

5.2.2 水资源保护力度情景分析

海河流域水资源环境恶化主要体现在未处理污水的排放上。持续利用未处理污水，被污染的土地及地下水将难以恢复。水资源环境保护的基本方案是以流域 2005 年的水资源利用调查数据为基础，根据可持续发展原则以及流域的实际用水状况，拟定逐步提高污水处理率，最终在有限时期内取消污水排放，以确保社会经济结构的平稳过渡。

分阶段的污水处理，以五年为一个时段逐步提高污水处理率，到 2030 年达到一个较为合适的水平。为对照分析，将利用未处理污水在 2005 年水平不变作为此边界条件的另一种状况，以揭示海河流域社会经济发展与水环境的关系（表 5-8）。

表 5-8　两种保护力度下的污水处理率

省（自治区、直辖市）	维持现状						逐步改善					
	2005年	2010年	2015年	2020年	2025年	2030年	2005年	2010年	2015年	2020年	2025年	2030年
北京	0.484	0.484	0.484	0.484	0.484	0.484	0.484	0.6	0.7	0.8	0.9	1
天津	0.678	0.678	0.678	0.678	0.678	0.678	0.678	0.7	0.75	0.8	0.9	1
河北	0.173	0.173	0.173	0.173	0.173	0.173	0.173	0.25	0.35	0.45	0.55	0.65
山西	0.047	0.047	0.047	0.047	0.047	0.047	0.047	0.25	0.35	0.45	0.55	0.65
河南	0.068	0.068	0.068	0.068	0.068	0.068	0.068	0.25	0.35	0.45	0.55	0.65
山东	0.082	0.082	0.082	0.082	0.082	0.082	0.082	0.25	0.35	0.45	0.55	0.65
内蒙古	0	0	0	0	0	0	0	0.25	0.35	0.45	0.55	0.65
辽宁	0	0	0	0	0	0	0	0.25	0.35	0.45	0.55	0.65

5.2.3　地下水超采情景分析

海河流域地下水位持续下降，不仅造成地质灾害、土地沙化等问题，严重的是这种水资源利用方式将造成地下水静储量的减少乃至枯竭，使系统抗御风险能力降低。持续利用未处理污水，被污染的土地及地下水将难以恢复。

水资源环境保护的基本方案是以流域 2005 年的水资源利用调查数据为基础，根据可持续发展原则以及流域的实际用水状况，设定各规划年地下水超采的最大限度数值，拟定逐步削减地下水超采，最终在有限时期内取消这种水资源利用方式，以确保社会经济结构的平稳过渡，见表 5-9。为对照分析，将维持地下水超采和立即停止地下水超采两种状况，见表 5-10 和表 5-11，以揭示当今海河流域社会经济发展与牺牲环境代价的关系。

表 5-9　维持现状的地下水超采情况　　　　　　　　（单位：亿 m³）

省（自治区、直辖市）	2005年	2010年	2015年	2020年	2025年	2030年
北京	5.24	5.24	5.24	5.24	5.24	5.24
天津	1.93	1.93	1.93	1.93	1.93	1.93
河北	79.67	79.67	79.67	79.67	79.67	79.67
山西	0	0	0	0	0	0
河南	3.51	3.51	3.51	3.51	3.51	3.51
山东	2.49	2.49	2.49	2.49	2.49	2.49
内蒙古	0.18	0.18	0.18	0.18	0.18	0.18
辽宁	0	0	0	0	0	0

表 5-10 逐步停止地下水超采的情况 （单位：亿 m³）

省（自治区、直辖市）	2005 年	2010 年	2015 年	2020 年	2025 年	2030 年
北京	5.24	3.49	1.75	0	0	0
天津	1.93	1.29	0.64	0	0	0
河北	79.67	53.11	26.56	0	0	0
山西	0	0	0	0	0	0
河南	3.51	3.51	3.51	3.51	3.51	3.51
山东	2.49	2.49	2.49	2.49	2.49	2.49
内蒙古	0.18	0.18	0.18	0.18	0.18	0.18
辽宁	0	0	0	0	0	0

表 5-11 立即停止地下水超采的情况 （单位：亿 m³）

省（自治区、直辖市）	2005 年	2010 年	2015 年	2020 年	2025 年	2030 年
北京	5.24	0	0	0	0	0
天津	1.93	0	0	0	0	0
河北	79.67	0	0	0	0	0
山西	0	0	0	0	0	0
河南	3.51	0	0	0	0	0
山东	2.49	0	0	0	0	0
内蒙古	0.18	0	0	0	0	0
辽宁	0	0	0	0	0	0

5.2.4 南水北调工程情景分析

南水北调作为华北地区水资源开发利用的重要工程，将从资源性角度缓解海河流域水资源不足。本书根据以往各部门对南水北调工程的可行性研究，只计入调入水资源量对系统的影响。

在研究中考虑了两个方案：仅东线上马和中线、东线都上马，各自发挥效益的时间和引水量的设定见表 5-12 和表 5-13。作为对照，将无南水北调作为对比方案（表 5-14）。

表 5-12 仅东线的外调工程水量 （单位：亿 m³）

调水工程	2005 年	2010 年	2015 年	2020 年	2025 年	2030 年
中线	0	0	0	0	0	0
东线	0	3.65	3.65	14.2	14.2	14.2
引黄	45.27	52.416	52.416	52.966	52.966	52.966

表 5-13 中线和东线的外调工程水量　　　　　　（单位：亿 m³）

调水工程	2005 年	2010 年	2015 年	2020 年	2025 年	2030 年
中线	0	0	29	58.7	58.7	58.7
东线	0	3.65	3.65	14.2	14.2	14.2
引黄	45.27	52.42	52.42	52.97	52.97	52.97

表 5-14 无南水北调的外调工程水量　　　　　　（单位：亿 m³）

调水工程	2005 年	2010 年	2015 年	2020 年	2025 年	2030 年
中线	0	0	0	0	0	0
东线	0	0	0	0	0	0
引黄	45.27	52.42	52.42	52.97	52.97	52.97

5.2.5 枯水系列情景分析

在水资源总量不足、流域地下水持续下降的海河流域，连续枯水系列的发生将对区域经济发展产生严重影响。海河流域降水径流具有时空分布不均、经常发生连续枯水年的特点。1980 年以来，已经发生了 1980~1987 年、1999~2005 年两个较长的连枯段。为了估算连续枯水系列的影响，结合模型计算时段，以 80 年代初期实际发生的连续枯水系列作为计算依据，其年平均来水相当于海河流域的偏枯值，频率 75%。连续枯水期为 5 年，枯水年本地水资源量见表 5-15。

方案设计了两种枯水系列发生时期，分别发生在 2016~2020 年和 2026~2030 年，以分析枯水期不同发生时刻的影响。

表 5-15 枯水年的地表水量　　　　　　（单位：亿 m³）

指标	北京	天津	河北	山西	河南	山东	内蒙古	辽宁
地表水量	11.13	10.7	58.7	14.5	8.22	11.04	1.4	0.63

5.2.6 气候变化系列情景分析

气候变化已经引起了我国水资源分布的变化，导致河川径流量减少，洪涝灾害和极端事件增多，干旱频发，缺水问题突出。郝立生和姚学祥（2009）利用近 50 年海河流域气候、水资源、多模式预估数据等资料，分析了海河流域气候变化特征及对地表水资源量的影响。结果表明：近 50 年，海河流域年降水量呈明显减少趋势，年气温呈明显升高趋势。海河流域气候暖干化趋势造成地表水资源大量减少，平均每 10 年减少 18%。地表水资源量变化与降水量、气温有很好的复相关关系。多模式预估，未来 50 年海河流域降水量将比 1961~1990 年增加 3%~10%，年均气温将升高 0.4~2.3℃。参考多模式预估结果，在未来降水量比 1961~1990 年增加 5% 的情况下，如果气温比 1960~1990 年平均值升高 0℃

(1.0℃，2.0℃)，海河流域地表水资源量变化为+20%（+13%，+6%）。未来海河流域地表水资源会随着降水量的增多而增加，随气温的升高而减少，总体结果未来地表水资源量是增加的。由于对未来降水预估结果不确定性较大，对气温预估结果可信度较高，所以未来海河流域地表水资源量增加还存在很大的不确定性。

为了预测在未来年份下，气候变化对社会经济所产生的影响，应对未来的气候变化的影响，参考郝立生的模型结论，我们对在 2025 年和 2030 年的水资源量预设为比原水资源量分别增加和减少 5%、10%、15%，分析讨论气候变化对海河流域经济发展和社会用水的影响（表 5-16）。

表 5-16　气候变化影响下的地表水量变化

编号	情景	地表水量/亿 m³							
		北京	天津	河北	山西	河南	山东	内蒙古	辽宁
0	0%	17.7	10.7	115.9	35.9	16.3	13.5	4	2.1
1	5%	18.59	11.235	121.70	37.70	17.12	14.18	4.2	2.205
2	10%	19.47	11.77	127.49	39.49	17.93	14.85	4.4	2.31
3	15%	20.36	12.31	133.29	41.29	18.75	15.53	4.6	2.415
4	−5%	16.82	10.17	110.11	34.105	15.49	12.83	3.8	1.995
5	−10%	15.93	9.63	104.31	32.31	14.67	12.15	3.6	1.89
6	−15%	15.05	9.10	98.515	30.515	13.86	11.48	3.4	1.785

5.3　海河流域水资源利用情景组合

流域水资源规划往往由两个甚至数个单独的规划措施复合而成，上述各个水资源边界条件构成了独立的流域水资源开发利用策略，各策略下不同规划水平设计，构成各自独立的水资源具体开发利用措施。根据不同开发利用方针所采取的各措施的不同组合，则构成具体水资源规划方案。

5.3.1　方案编码

为使海河流域宏观经济水资源分析方案的结果便于分析对照，将上述四个边界条件的不同基本措施进行编码，各编码及其内容见表 5-17。

对已进行编码的上述边界情景，根据分析内容的不同进行组合，构成规划分析方案集。方案集采用 6 位编码方式描述：第 1 位表示节水力度，第 2 位表示水资源环境保护，第 3 位表示地下水超采设定，第 4 位表示有无南水北调工程，第 5 位表示是否发生连续枯水系列，第 6 位表示气候变化。例如，"000000" 方案依次分别表示节水力度为中度节水、污水处理率维持现状、地下水超采维持现状、不实施南水北调工程、不出现连续枯水系列年和未发生气候变化的情景。

表 5-17　海河流域水资源利用情景编码

边界情景	基本措施及措施描述	编号
节水力度	中节水	0
	高节水	1
水资源环境保护	维持现状，继续恶化	0
	逐渐恢复，停止恶化	1
地下水超采	维持现状	0
	逐步停止	1
	立即停止	2
南水北调工程	无	0
	仅东线	1
	东、中线	2
连续枯水系列发生（其他年份为多年平均）	无	0
	发生在 2016~2020 年	1
	发生在 2026~2030 年	2
气候变化	不变化	0
	地表水量增加 5%	1
	地表水量增加 10%	2
	地表水量增加 15%	3
	地表水量减少 5%	4
	地表水量减少 10%	5
	地表水量减少 15%	6

5.3.2　方案组合

本次研究设计的水资源规划平台，既可以对上述已设定的基本措施任意组合，构成"标准"规划方案，也可以更改各基本措施参数并任意组合，构成"自由"方案。由于时间限制，重点分析了流域最可能实施（或发生）的水资源边界，其具体方案编号及分析目的见表 5-18。

表 5-18　海河流域水资源利用编码组合

方案编号	分析目的
"000000"	维持现状的基准方案，作为情景分析的对比基础
"100000"	与"000000"方案对比，采用高节水，分析节水影响
"110000"	与"100000"方案对比，探讨在高节水条件下，逐步提高污水处理率的影响
"111000"	与"110000"方案对比，探讨高节水、高治污条件下，逐步停止地下水超采的影响

续表

方案编号	分析目的
"112000"	与"110000"方案对比，探讨高节水、高治污条件下，立即停止地下水超采的影响
"111200"	与"111000"方案对比，探讨在高节水、高治污、逐步停止地下水超采条件下，南水北调东线和中线对流域可持续发展的支撑作用
"111010"	研究2016~2020年发生枯水系列对流域经济发展的制约
"111210"	与"111010"方案对比，探讨南水北调在发生连续枯水情景时对流域经济的作用
"111020"	研究2026~2030年发生枯水系列对流域经济发展的制约
"111220"	与"11020"方案对比，探讨南水北调在发生连续枯水情景时对流域经济的作用
"111201"	探讨气候变化（+5%）对流域经济发展的影响，与"111200"对比
"111202"	探讨气候变化（+10%）对流域经济发展的影响，与"111200"对比
"111203"	探讨气候变化（+15%）对流域经济发展的影响，与"111200"对比
"111204"	探讨气候变化（-5%）对流域经济发展的影响，与"111200"对比
"111205"	探讨气候变化（-10%）对流域经济发展的影响，与"111200"对比
"111206"	探讨气候变化（-15%）对流域经济发展的影响，与"111200"对比

第 6 章 海河流域水资源配置情景分析

6.1 方案对比和情景分析

在本章中,对情景对比与分析可分为以下三组:在现状条件下的分析预测,在连续枯水年情况下和在气候变化的条件下的分析预测。

6.1.1 在现状条件下

(1) "000000"方案和"100000"方案

"000000"方案是采用中节水力度,维持现状污水处理水平,维持地下水的超采现状,没有南水北调工程水量,没有发生连续枯水系列,没有发生气候变化的情景组合;"100000"方案是采用高节水力度,维持现状污水处理水平,维持地下水的超采现状,没有南水北调工程水量,没有发生连续枯水系列,没有发生气候变化的情景组合。两者的差异在于节水力度上。两者的对比分析主要集中于经济增长和供需水的对比。

图 6-1 中"100000"方案比"000000"方案的经济增长要快,到 2030 年时,"100000"方案比"000000"方案的 GDP 高出了 16%,说明采用高节水力度情景下的经济效益优于中节水力度的方案。

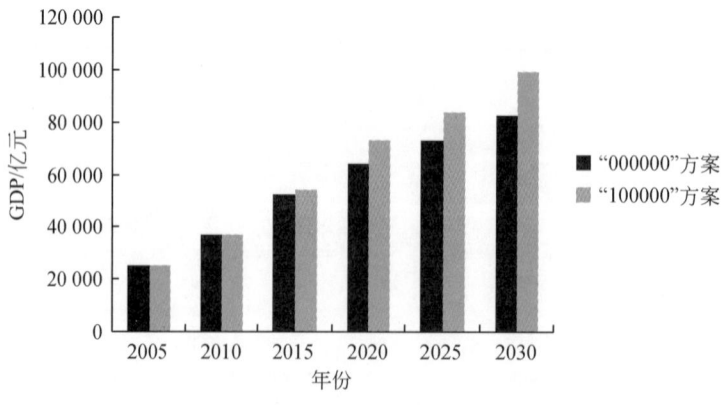

图 6-1 "000000"方案与"100000"方案对比

从图 6-2 和图 6-3 的比较看,"100000"方案的供水风险明显比"000000"方案低,到 2030 年时,"100000"方案的缺水率比前者少 3% 左右,说明高节水策略使得水资源在利用的过程中效率更高，浪费更少，同时需水量有一定程度的减少，在一定程度上缓解了水资源短缺的约束。

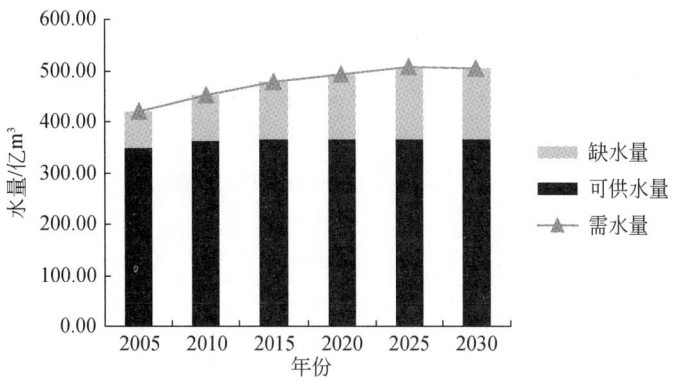

图 6-2 "000000"方案的供需水分析

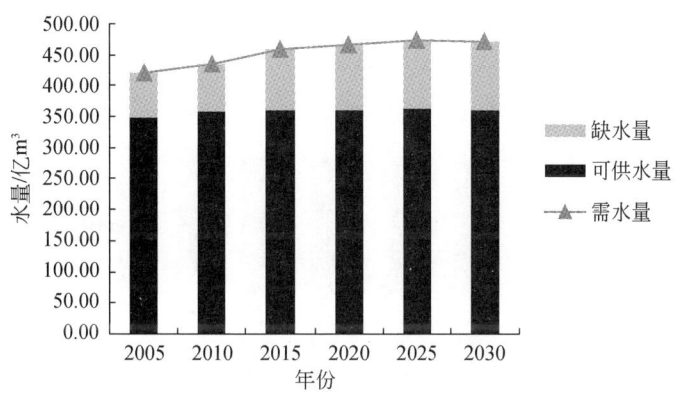

图 6-3 "100000"方案的供需水分析

（2）"100000"方案和"110000"方案

"100000"方案是采用高节水力度，维持现状污水处理水平，维持地下水的超采现状，没有南水北调工程水量，没有发生连续枯水系列，没有发生气候变化的情景组合；"110000"方案是采用高节水力度，逐步加大污水处理力度，维持地下水的超采现状，没有南水北调工程水量，没有发生连续枯水系列，没有发生气候变化的情景组合。两者的差异在于对污水处理利用的程度上。

图 6-4 中"110000"方案比"100000"方案的经济增幅稳步增加，到 2030 年两种方案的 GDP 差值增长了 32%，说明在逐步提高治污力度的情况下的经济效益优于维持现状的方案。

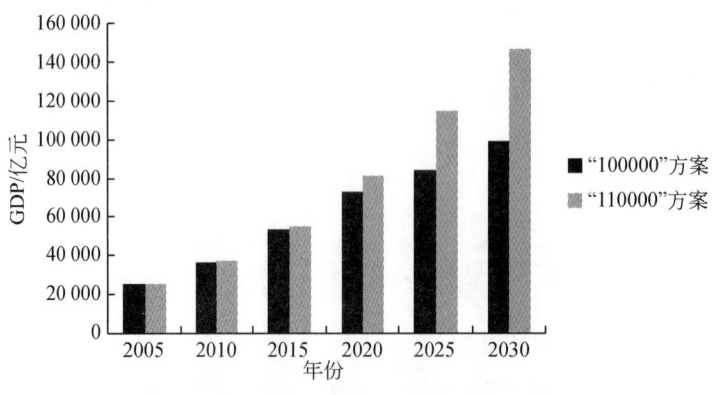

图 6-4 "100000" 方案与 "110000" 方案对比

如图 6-5 和图 6-6 所示，从供水风险来看，"110000" 方案比 "100000" 方案的供水风险要低，缺水率相差 7% 左右，而且由于治污可以使污水处理回用量增加，"110000" 方案的供水能力明显大于 "100000" 方案。进而解释了图 6-4 中 "110000" 方案经济增长比前者快的原因。

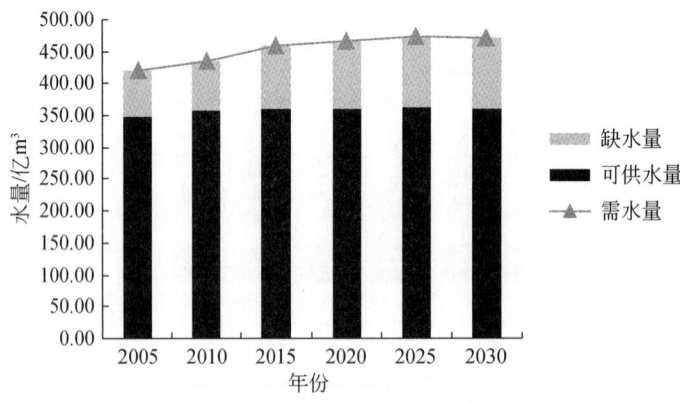

图 6-5 "100000" 方案的供需水分析

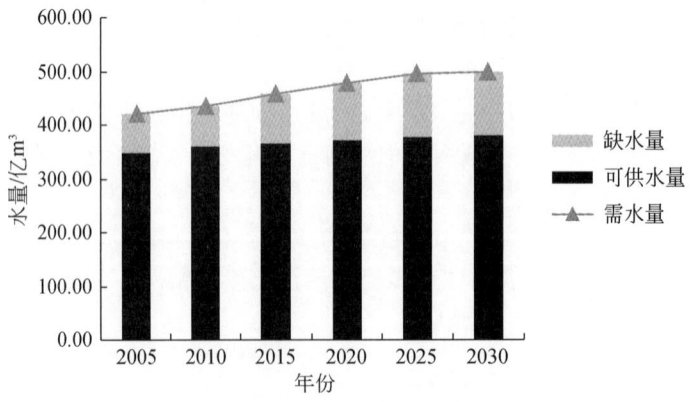

图 6-6 "110000" 方案的供需水分析

(3) "111000"方案和"110000"方案

"111000"方案是采用高节水力度,逐步加大污水处理力度,逐步停止地下水的超采,没有南水北调工程水量,没有连续枯水,没有发生气候变化的情景组合;"110000"方案是高节水力度,逐步加大污水处理力度,维持地下水超采现状,没有南水北调工程水量,没有连续枯水,没有发生气候变化情景组合。两者的差异在于对地下水的超采。

图 6-7 中"110000"方案比"111000"方案的经济增长要快一些,但是由于地下水超采是不可持续的,这种状况是违背可持续发展的基本原则,也是违背水资源规划原则的,建立在这种条件下的流域发展是不稳定的,相应的水资源利用方式是不能接受的。

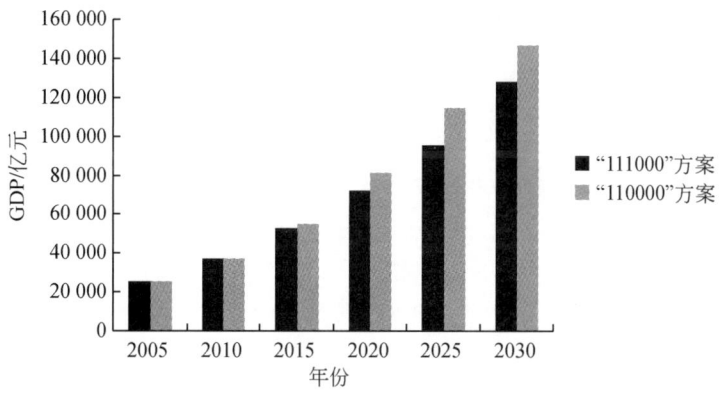

图 6-7 "111000"方案与"110000"方案对比

通过图 6-8 和图 6-9 的比较,可以看出,尽管到 2015 年,"111000"方案的缺水率都要比"110000"方案略高不到 1%,但从 2020 年开始,"111000"方案的缺水程度已经比"110000"方案要低 1%。因此,也说明,逐步停止地下水的开采,是符合可持续发展要求的。

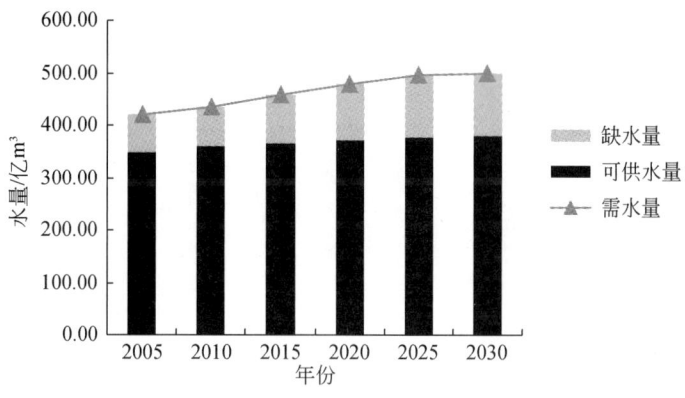

图 6-8 "110000"方案的供需水分析

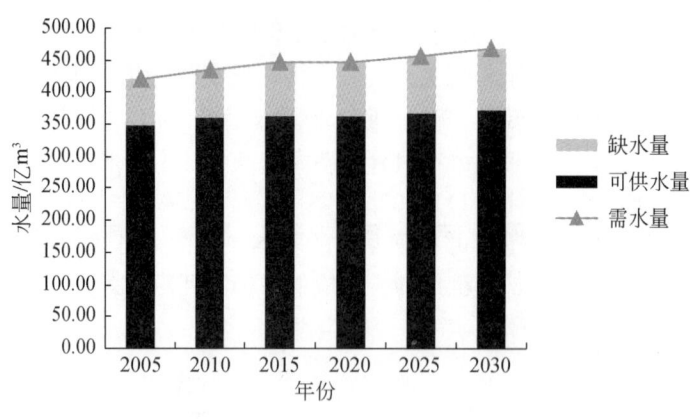

图 6-9 "111000" 方案供需水分析

（4）"112000" 方案和 "110000" 方案

"112000" 方案是高节水力度，逐步加大污水处理力度，立即停止地下水超采，无南水北调工程中东线的水资源补充，无连续枯水年，不发生气候变化的情景组合；"110000" 方案是高节水力度，逐步加大污水处理力度，维持地下水超采现状，无南水北调工程中东线的水资源补充，无连续枯水年，不发生气候变化的情景组合。两者的差异在于对地下水的超采。

图 6-10 中 "112000" 方案比 "110000" 方案的经济增长明显过快，到 2030 年时，"112000" 方案与 "110000" 方案的经济发展差距大于 60%。因此，不推荐立即停止地下水开采。

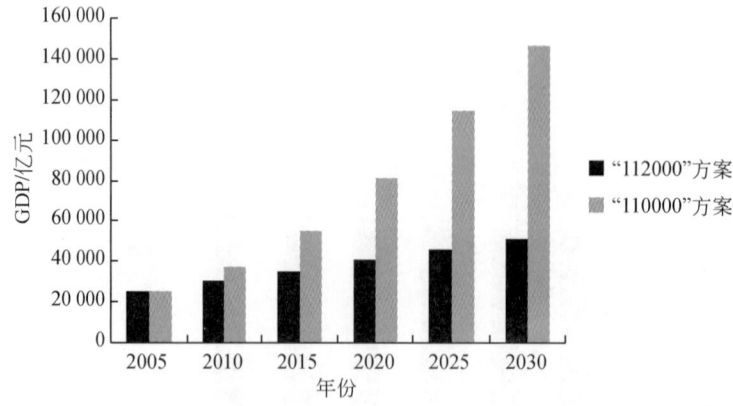

图 6-10 "112000" 方案与 "110000" 方案对比

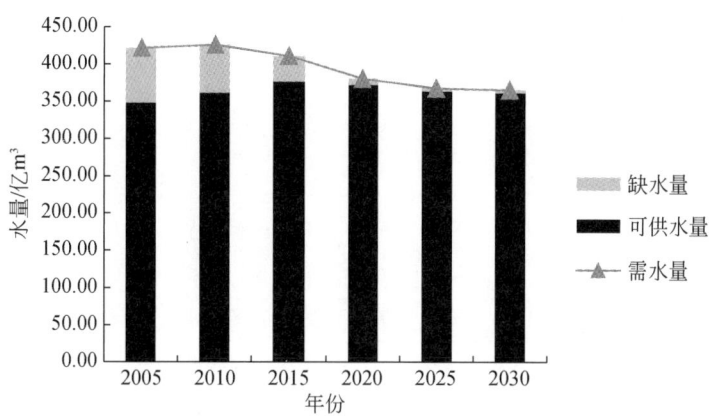

图 6-11 "112000"方案供需水分析

从图 6-12 来看，相对于逐步停止地下水开采，立即停止地下水的开采对经济造成的影响和波动较大，因此不推荐立即停止地下水的开采。

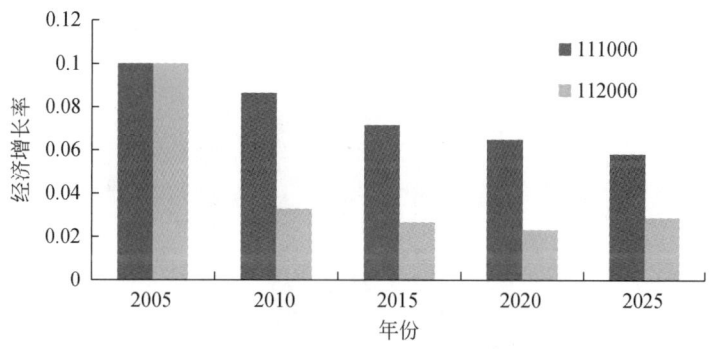

图 6-12 "112000"方案和"111000"方案的经济增长率比较

(5)"111200"方案和"111000"方案

"111200"方案是采用高节水力度，逐步加大污水处理力度，逐步停止地下水的超采，有南水北调工程水量，没有连续枯水，没有发生气候变化的情景组合；"111000"方案是采用高节水力度，逐步加大污水处理力度，逐步停止地下水的超采，没有南水北调工程水量，没有连续枯水，没有发生气候变化的情景组合。两者的差异在于南水北调。

在图 6-13 中可以看出，"111200"方案比"111000"方案的经济增长明显要高，从统计数据来看，有南水北调的"111200"方案的经济总量，要比"111000"方案高出 23%。说明了在高节水、高治污和逐步停止地下水开采的情况下，南水北调对经济起到巨大的促进作用。

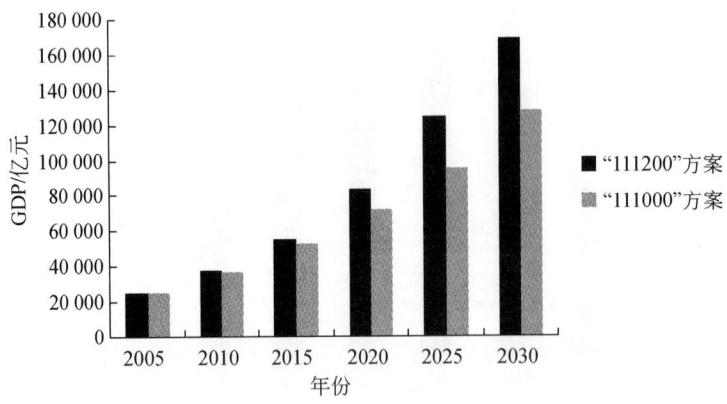

图 6-13 "111200" 方案和 "111000" 方案对比分析

在对图 6-14 和图 6-15 的比较中，从供水风险来看，"111200" 方案要比 "111000" 方案风险率低，到 2030 年时，两者缺水率差值已经达到了 9%，说明南水北调对降低供水风险的巨大作用。

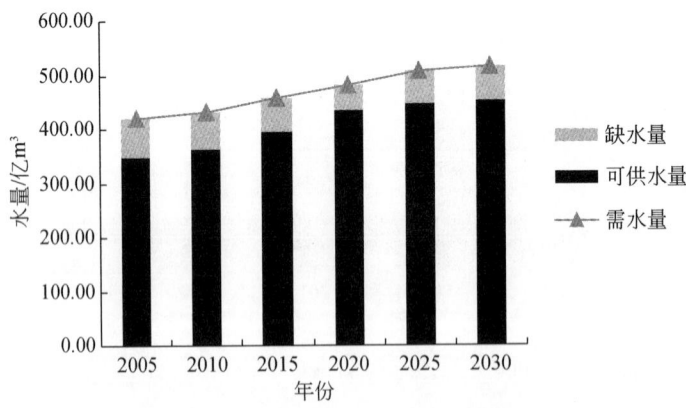

图 6-14 "111200" 方案的供需水分析

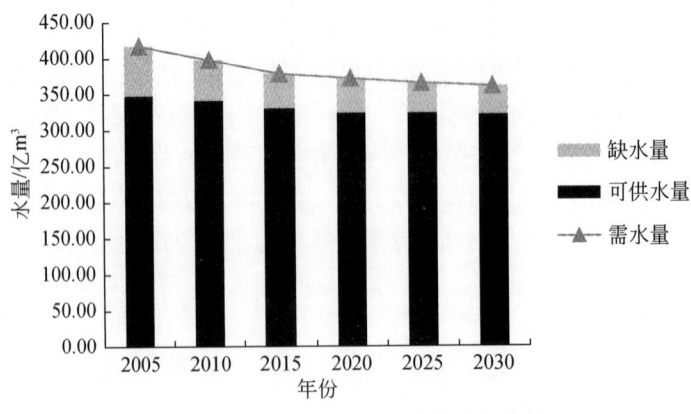

图 6-15 "111000" 方案的供需水分析

（6）现状条件下的推荐方案

通过以上的对比分析可以看出，现状条件下的推荐方案应该取"111200"方案，该方案中各省份的经济发展数据和各水资源分区的供需水平衡见表6-1～表6-7。

表6-1 各省份的经济发展数据

省（自治区、直辖市）	年份	一产GDP /亿元	一产增长率/%	二产GDP /亿元	二产增长率/%	三产GDP /亿元	三产增长率/%	一产比例 /%	二产比例 /%	三产比例 /%
北京	2005	95.501	0.05	2 017.073	0.11	4 762.3	0.11	0.014	0.293	0.693
	2010	119.239	0.045	3 495.773	0.116	9 232.081	0.142	0.009	0.272	0.719
	2015	138.919	0.031	5 764.74	0.105	17 112.252	0.131	0.006	0.25	0.743
	2020	167.226	0.038	9 093.523	0.095	30 315.398	0.121	0.004	0.23	0.766
	2025	188.812	0.025	13 716.584	0.086	51 308.399	0.111	0.003	0.21	0.787
	2030	212.056	0.023	16 761.86	0.041	82 349.618	0.099	0.002	0.169	0.829
天津	2005	112.38	0.05	1 984.373	0.11	1 457.366	0.11	0.032	0.558	0.41
	2010	137.877	0.042	3 499.092	0.12	2 973.912	0.153	0.021	0.529	0.45
	2015	166.236	0.038	5 709.249	0.103	5 512.335	0.131	0.015	0.501	0.484
	2020	192.099	0.029	8 906.654	0.093	9 765.437	0.121	0.01	0.472	0.518
	2025	221.291	0.029	12 892.697	0.077	15 600.274	0.098	0.008	0.449	0.543
	2030	257.142	0.03	15 385.667	0.036	16 731.439	0.014	0.008	0.475	0.517
河北	2005	1 494.917	0.05	4 943.914	0.11	3 175.196	0.11	0.155	0.514	0.33
	2010	1 952.591	0.055	5 469.579	0.02	3 512.802	0.02	0.179	0.5	0.321
	2015	2 338.527	0.037	5 748.582	0.01	3 691.99	0.01	0.199	0.488	0.313
	2020	2 733.434	0.032	6 041.817	0.01	3 880.319	0.01	0.216	0.477	0.307
	2025	3 194.342	0.032	6 350.011	0.01	4 078.254	0.01	0.234	0.466	0.299
	2030	3 733.601	0.032	6 673.925	0.01	4 286.286	0.01	0.254	0.454	0.292
山西	2005	81.131	0.05	724.243	0.11	552.026	0.11	0.06	0.534	0.407
	2010	104.057	0.051	1 270.737	0.119	1 114.959	0.151	0.042	0.51	0.448
	2015	125.006	0.037	2 083.093	0.104	2 066.647	0.131	0.029	0.487	0.483
	2020	147.002	0.033	3 265.834	0.094	3 661.191	0.121	0.021	0.462	0.518
	2025	170.128	0.03	4 895.06	0.084	6 196.516	0.111	0.015	0.435	0.55
	2030	194.607	0.027	5 833.849	0.036	9 328.399	0.085	0.013	0.38	0.607
河南	2005	239.615	0.05	903.837	0.11	419.749	0.11	0.153	0.578	0.269
	2010	295.077	0.043	999.933	0.02	464.377	0.02	0.168	0.568	0.264
	2015	374.239	0.049	1050.94	0.01	488.065	0.01	0.196	0.549	0.255
	2020	431.747	0.029	1 104.548	0.01	512.961	0.01	0.211	0.539	0.25
	2025	497.934	0.029	1 160.891	0.01	539.127	0.01	0.227	0.528	0.245
	2030	574.549	0.029	1 220.108	0.01	566.628	0.01	0.243	0.517	0.24

续表

省（自治区、直辖市）	年份	一产GDP/亿元	一产增长率/%	二产GDP/亿元	二产增长率/%	三产GDP/亿元	三产增长率/%	一产比例/%	二产比例/%	三产比例/%
山东	2005	235.223	0.05	1 297.71	0.11	683.631	0.11	0.106	0.585	0.308
	2010	310.856	0.057	1 435.679	0.02	756.316	0.02	0.124	0.574	0.302
	2015	373.068	0.037	1 508.913	0.01	794.896	0.01	0.139	0.564	0.297
	2020	441.049	0.034	1 585.882	0.01	835.444	0.01	0.154	0.554	0.292
	2025	513.909	0.031	1 666.778	0.01	878.06	0.01	0.168	0.545	0.287
	2030	579.786	0.024	1751.8	0.01	922.849	0.01	0.178	0.538	0.284
内蒙古	2005	16.99	0.05	59.143	0.11	37.985	0.11	0.149	0.518	0.333
	2010	22.197	0.055	101.767	0.115	73.636	0.142	0.112	0.515	0.373
	2015	26.571	0.037	167.553	0.105	136.49	0.131	0.08	0.507	0.413
	2020	31.104	0.032	263.867	0.095	241.8	0.121	0.058	0.492	0.45
	2025	36.333	0.032	397.331	0.085	409.243	0.111	0.043	0.471	0.486
	2030	41.734	0.028	571.867	0.076	661.443	0.101	0.033	0.449	0.519
辽宁	2005	1.804	0.05	6.281	0.11	4.034	0.11	0.149	0.518	0.333
	2010	2.352	0.055	10.808	0.115	7.82	0.142	0.112	0.515	0.373
	2015	2.818	0.037	17.794	0.105	14.494	0.131	0.08	0.507	0.413
	2020	3.3	0.032	28.023	0.095	25.677	0.121	0.058	0.492	0.45
	2025	3.849	0.031	42.197	0.085	43.458	0.111	0.043	0.471	0.486
	2030	4.491	0.031	60.734	0.076	70.24	0.101	0.033	0.448	0.519

表 6-2 2005 年各水资源分区的供需水平衡表

分区	城市需水/亿m³	城市供水/亿m³	缺水/亿m³	保证率/%	农村需水/亿m³	农村供水/亿m³	缺水/亿m³	保证率/%	总需水/亿m³	总供水/亿m³	总缺水/亿m³	入海水/亿m³
滦河山区	2.52	2.52	0.00	97	7.37	7.37	0.00	97	9.89	9.89	0.00	—
冀东沿海山区	1.91	1.91	0.00	97	1.56	1.56	0.00	97	3.47	3.47	0.00	—
滦河及冀东沿海平原	3.56	3.56	0.00	97	15.74	15.51	-0.23	78	19.30	19.07	-0.23	19.06
蓟运河山区	0.52	0.52	0.00	97	3.79	3.79	0.00	97	4.31	4.31	0.00	—
潮白河山区	0.17	0.17	0.00	97	3.01	3.01	0.00	97	3.18	3.18	0.00	—
北运河山区	0.17	0.17	0.00	97	0.78	0.78	0.00	97	0.95	0.95	0.00	—
永定河山区	5.30	5.30	0.00	97	23.55	23.55	0.00	97	28.85	28.85	0.00	—
北四河平原	20.78	20.78	0.00	97	28.01	26.25	-1.76	64	48.79	47.03	-1.76	11.51

续表

分区	城市需水/亿 m³	城市供水/亿 m³	缺水/亿 m³	保证率/%	农村需水/亿 m³	农村供水/亿 m³	缺水/亿 m³	保证率/%	总需水/亿 m³	总供水/亿 m³	总缺水/亿 m³	入海水/亿 m³
大清河北支山区	1.04	1.04	0.00	97	1.67	1.67	0.00	97	2.71	2.71	0.00	—
大清河南支山区	0.43	0.43	0.00	97	1.23	1.23	0.00	97	1.66	1.66	0.00	—
漳沱河山区	3.13	3.13	0.00	97	13.17	13.17	0.00	97	16.30	16.30	0.00	—
滏阳河山区	1.22	1.22	0.00	97	4.24	4.24	0.00	97	5.46	5.46	0.00	—
漳河山区	2.35	2.35	0.00	97	6.47	6.47	0.00	97	8.82	8.82	0.00	—
卫河山区	3.13	3.13	0.00	97	9.93	8.95	-0.98	58	13.06	12.08	-0.98	—
淀西清北平原	2.00	1.88	-0.12	53	6.03	5.56	-0.47	75	8.03	7.44	-0.59	—
淀东清北平原	0.43	0.37	-0.06	53	6.03	4.75	-1.28	47	6.46	5.12	-1.34	—
淀西清南平原	3.39	2.68	-0.71	39	6.47	6.47	0.00	97	9.86	9.15	-0.71	—
淀东清南平原	12.17	7.35	-4.82	8	33.82	16.13	-17.69	19	45.99	23.47	-22.52	3.98
漳滏平原	5.56	4.90	-0.66	14	18.75	9.02	-9.73	14	24.31	13.92	-10.39	—
滏西平原	4.69	3.20	-1.49	11	16.74	8.88	-7.86	11	21.43	12.07	-9.36	—
漳卫平原	4.69	4.69	0.00	97	22.88	18.98	-3.90	39	27.57	23.67	-3.90	—
黑龙港平原	2.00	2.00	0.00	97	23.66	12.43	-11.23	17	25.66	14.43	-11.23	—
运东平原	1.39	1.39	0.00	97	4.91	4.80	-0.11	83	6.30	6.19	-0.11	7.96
徒骇马颊河	7.13	7.13	0.00	97	71.43	62.48	-8.95	17	78.56	69.61	-8.95	2.62
海河流域合计	89.68	81.82	-7.86	—	331.24	267.05	-64.19	—	420.92	348.87	-72.05	—
50%	89.68	81.57	-8.11	—	331.24	261.59	-69.65	—	420.92	343.16	-77.76	—
75%	89.68	77.71	-11.97	—	331.24	238.48	-92.76	—	420.92	316.19	-104.73	—
95%	89.68	75.39	-14.29	—	331.24	213.82	-117.42	—	420.92	289.21	-131.71	—

注：50%、75%、95%为来水频率，数值越大，来水越少（偏枯），50%为平水年。下表同。

表 6-3　2010 年各水资源分区的供需水平衡表

分区	城市需水/亿 m³	城市供水/亿 m³	缺水/亿 m³	保证率/%	农村需水/亿 m³	农村供水/亿 m³	缺水/亿 m³	保证率/%	总需水/亿 m³	总供水/亿 m³	总缺水/亿 m³	入海水/亿 m³
滦河山区	2.85	2.85	0.00	97	6.98	6.98	0.00	97	9.83	9.83	0.00	—
冀东沿海山区	2.20	2.20	0.00	97	1.44	1.44	0.00	97	3.64	3.64	0.00	—
滦河及冀东沿海平原	3.95	3.95	0.00	97	15.04	15.03	-0.01	94	18.99	18.98	-0.01	21.58
蓟运河山区	0.46	0.46	0.00	97	3.73	3.73	0.00	97	4.19	4.19	0.00	—
潮白河山区	0.18	0.18	0.00	97	3.01	3.01	0.00	97	3.19	3.19	0.00	—
北运河山区	0.18	0.18	0.00	97	0.72	0.72	0.00	97	0.90	0.90	0.00	—

续表

分区	城市需水/亿 m³	城市供水/亿 m³	缺水/亿 m³	保证率/%	农村需水/亿 m³	农村供水/亿 m³	缺水/亿 m³	保证率/%	总需水/亿 m³	总供水/亿 m³	总缺水/亿 m³	入海水/亿 m³
永定河山区	5.69	5.69	0.00	97	23.34	23.34	0.00	97	29.03	29.03	0.00	—
北四河平原	22.77	22.77	0.00	97	29.24	26.90	-2.34	58	52.01	49.67	-2.34	10.82
大清河北支山区	1.10	1.10	0.00	97	1.68	1.68	0.00	97	2.78	2.78	0.00	—
大清河南支山区	0.46	0.46	0.00	97	1.32	1.32	0.00	97	1.78	1.78	0.00	—
滹沱河山区	3.30	3.30	0.00	97	13.72	13.72	0.00	97	17.02	17.02	0.00	—
滏阳河山区	1.29	1.29	0.00	97	4.33	4.33	0.00	97	5.62	5.62	0.00	—
漳河山区	2.48	2.48	0.00	97	6.74	6.74	0.00	97	9.22	9.22	0.00	—
卫河山区	3.21	3.21	0.00	97	10.23	9.16	-1.07	58	13.44	12.37	-1.07	—
淀西清北平原	2.20	2.07	-0.13	53	6.14	5.67	-0.47	75	8.34	7.74	-0.60	—
淀东清北平原	0.46	0.45	-0.01	75	6.26	4.94	-1.32	47	6.72	5.39	-1.33	—
淀西清南平原	3.86	2.99	-0.87	36	6.38	6.38	0.00	97	10.24	9.37	-0.87	—
淀东清南平原	13.49	7.62	-5.87	6	34.53	20.87	-13.66	22	48.02	28.49	-19.53	4.91
漳滏平原	6.24	5.15	-1.09	11	19.37	8.27	-11.10	11	25.61	13.41	-12.20	—
滏西平原	5.23	3.41	-1.82	8	17.33	10.97	-6.36	11	22.56	14.38	-8.18	—
漳卫平原	4.96	4.96	0.00	97	23.58	19.13	-4.45	39	28.54	24.09	-4.45	—
黑龙港平原	2.20	2.20	-0.00	86	24.55	12.51	-12.04	17	26.75	14.71	-12.04	—
运东平原	1.56	1.56	0.00	97	5.17	5.05	-0.12	81	6.73	6.61	-0.12	7.76
徒骇马颊河	7.25	7.25	0.00	97	70.51	62.61	-7.90	22	77.76	69.86	-7.90	2.89
海河流域合计	97.57	87.78	-9.79	—	335.34	274.51	-60.83	—	432.91	362.29	-70.62	—
50%	97.57	87.19	-10.38	—	335.34	267.97	-67.37	—	432.91	355.16	-77.75	—
75%	97.57	83.35	-14.22	—	335.34	246.15	-89.19	—	432.91	329.50	-103.41	—
95%	97.57	81.13	-16.44	—	335.34	221.33	-114.01	—	432.91	302.46	-130.45	—

表 6-4　2015 年各水资源分区的供需水平衡表

分区	城市需水/亿 m³	城市供水/亿 m³	缺水/亿 m³	保证率/%	农村需水/亿 m³	农村供水/亿 m³	缺水/亿 m³	保证率/%	总需水/亿 m³	总供水/亿 m³	总缺水/亿 m³	入海水/亿 m³
滦河山区	3.45	3.45	0.00	97	6.74	6.74	0.00	97	10.19	10.19	0.00	—
冀东沿海山区	2.61	2.61	0.00	97	1.40	1.40	0.00	97	4.01	4.01	0.00	—
滦河及冀东沿海平原	4.75	4.75	0.00	97	14.62	14.62	0.00	97	19.37	19.37	0.00	21.75
蓟运河山区	0.56	0.56	0.00	97	3.69	3.69	0.00	97	4.25	4.25	0.00	—

续表

分区	城市需水/亿 m³	城市供水/亿 m³	缺水/亿 m³	保证率/%	农村需水/亿 m³	农村供水/亿 m³	缺水/亿 m³	保证率/%	总需水/亿 m³	总供水/亿 m³	总缺水/亿 m³	入海水/亿 m³
潮白河山区	0.19	0.19	0.00	97	3.05	3.05	0.00	97	3.24	3.24	0.00	—
北运河山区	0.28	0.28	0.00	97	0.76	0.76	0.00	97	1.04	1.04	0.00	—
永定河山区	6.62	6.62	0.00	97	23.40	23.40	0.00	97	30.02	30.02	0.00	—
北四河平原	26.66	26.66	0.00	97	30.13	28.28	−1.85	61	56.79	54.94	−1.85	12.06
大清河北支山区	1.31	1.31	0.00	97	1.78	1.78	0.00	97	3.09	3.09	0.00	
大清河南支山区	0.56	0.56	0.00	97	1.40	1.40	0.00	97	1.96	1.96	0.00	
漳沱河山区	3.82	3.82	0.00	97	14.24	14.24	0.00	97	18.06	18.06	0.00	
滏阳河山区	1.49	1.49	0.00	97	4.45	4.45	0.00	97	5.94	5.94	0.00	
漳河山区	2.80	2.80	0.00	97	6.99	6.99	0.00	97	9.79	9.79	0.00	
卫河山区	3.64	3.64	0.00	97	10.30	9.63	−0.67	67	13.94	13.27	−0.67	
淀西清北平原	2.61	2.61	0.00	97	6.36	6.22	−0.14	86	8.97	8.83	−0.14	
淀东清北平原	0.56	0.56	0.00	97	6.48	6.06	−0.42	75	7.04	6.62	−0.42	
淀西清南平原	4.57	4.12	−0.45	44	6.61	6.61	0.00	97	11.18	10.73	−0.45	
淀东清南平原	15.85	9.12	−6.73	6	35.60	25.49	−10.11	33	51.45	34.61	−16.84	6.59
漳滏平原	7.46	6.57	−0.89	14	20.09	8.96	−11.13	11	27.55	15.53	−12.02	
滏西平原	6.34	4.83	−1.51	11	17.93	13.41	−4.52	17	24.27	18.24	−6.03	
漳卫平原	5.59	5.59	0.00	97	24.03	20.50	−3.53	39	29.62	26.09	−3.53	
黑龙港平原	2.70	2.70	0.00	97	25.56	14.10	−11.46	17	28.26	16.80	−11.46	
运东平原	1.86	1.86	0.00	97	5.34	5.33	−0.01	89	7.20	7.19	−0.01	9.37
徒骇马颊河	8.20	8.20	0.00	97	72.09	62.33	−9.76	14	80.29	70.53	−9.76	2.47
海河流域合计	114.48	104.91	−9.57	—	343.04	289.44	−53.60	—	457.52	394.35	−63.17	
50%	114.48	104.55	−9.93	—	343.04	286.10	−56.94	—	457.52	390.65	−66.87	
75%	114.48	100.97	−13.51	—	343.04	263.09	−79.95	—	457.52	364.06	−93.46	
95%	114.48	98.84	−15.64	—	343.04	239.21	−103.83	—	457.52	338.05	−119.47	

表 6-5　2020 年各水资源分区的供需水平衡表

分区	城市需水/亿 m³	城市供水/亿 m³	缺水/亿 m³	保证率/%	农村需水/亿 m³	农村供水/亿 m³	缺水/亿 m³	保证率/%	总需水/亿 m³	总供水/亿 m³	总缺水/亿 m³	入海水/亿 m³
滦河山区	4.14	4.14	0.00	97	6.58	6.58	0.00	97	10.72	10.72	0.00	
冀东沿海山区	3.15	3.15	0.00	97	1.45	1.45	0.00	97	4.60	4.60	0.00	
滦河及冀东沿海平原	5.71	5.71	0.00	97	14.34	14.34	0.00	97	20.05	20.05	0.00	21.60

续表

分区	城市需水/亿 m³	城市供水/亿 m³	缺水/亿 m³	保证率/%	农村需水/亿 m³	农村供水/亿 m³	缺水/亿 m³	保证率/%	总需水/亿 m³	总供水/亿 m³	总缺水/亿 m³	入海水/亿 m³
蓟运河山区	0.69	0.69	0.00	97	3.55	3.55	0.00	97	4.24	4.24	0.00	—
潮白河山区	0.20	0.20	0.00	97	3.03	3.03	0.00	97	3.23	3.23	0.00	—
北运河山区	0.30	0.30	0.00	97	0.79	0.79	0.00	97	1.09	1.09	0.00	—
永定河山区	7.69	7.69	0.00	97	23.41	23.41	0.00	97	31.10	31.10	0.00	—
北四河平原	31.63	31.63	0.00	97	30.52	29.45	−1.07	72	62.15	61.08	−1.07	15.56
大清河北支山区	1.58	1.58	0.00	97	1.84	1.84	0.00	97	3.42	3.42	0.00	
大清河南支山区	0.69	0.69	0.00	97	1.32	1.32	0.00	97	2.01	2.01	0.00	
滹沱河山区	4.43	4.43	0.00	97	14.34	14.34	0.00	97	18.77	18.77	0.00	
滏阳河山区	1.87	1.87	0.00	97	4.60	4.60	0.00	97	6.47	6.47	0.00	
漳河山区	3.15	3.15	0.00	97	7.10	7.10	0.00	97	10.25	10.25	0.00	
卫河山区	4.04	4.04	0.00	97	10.26	10.02	−0.24	83	14.30	14.06	−0.24	
淀西清北平原	3.25	3.25	0.00	97	6.45	6.45	0.00	97	9.70	9.70	0.00	
淀东清北平原	0.69	0.69	0.00	97	6.58	6.58	0.00	97	7.27	7.27	0.00	
淀西清南平原	5.52	5.52	0.00	97	6.84	6.84	0.00	97	12.36	12.36	0.00	
淀东清南平原	17.74	11.14	−6.60	6	36.17	31.78	−4.39	53	53.91	42.91	−11.00	12.13
漳滏平原	9.06	8.52	−0.54	19	20.39	10.57	−9.82	11	29.45	19.09	−10.36	
滏西平原	7.59	6.75	−0.84	14	18.28	16.38	−1.90	39	25.87	23.13	−2.74	
漳卫平原	6.21	6.21	0.00	97	23.94	22.19	−1.75	61	30.15	28.40	−1.75	
黑龙港平原	3.25	3.25	0.00	97	26.04	17.27	−8.77	28	29.29	20.52	−8.77	
运东平原	2.27	2.27	0.00	97	5.52	5.52	0.00	97	7.79	7.79	0.00	12.50
徒骇马颊河	9.36	9.36	0.00	97	73.13	61.77	−11.36	14	82.49	71.13	−11.36	2.20
海河流域合计	134.21	126.22	−7.99	—	346.47	307.18	−39.29	—	480.68	433.40	−47.28	
50%	134.21	125.95	−8.26	—	346.47	310.13	−36.34	—	480.68	436.08	−44.60	
75%	134.21	122.78	−11.43	—	346.47	289.70	−57.38	—	480.68	411.87	−68.81	
95%	134.21	120.91	−13.30	—	346.47	261.06	−85.41	—	480.68	381.97	−98.71	

表 6-6　2025 年各水资源分区的供需水平衡表

分区	城市需水/亿 m³	城市供水/亿 m³	缺水/亿 m³	保证率/%	农村需水/亿 m³	农村供水/亿 m³	缺水/亿 m³	保证率/%	总需水/亿 m³	总供水/亿 m³	总缺水/亿 m³	入海水/亿 m³
滦河山区	4.78	4.78	0.00	97	6.51	6.51	0.00	97	11.29	11.29	0.00	—
冀东沿海山区	3.78	3.78	0.00	97	1.36	1.36	0.00	97	5.14	5.14	0.00	—

续表

分区	城市需水/亿 m³	城市供水/亿 m³	缺水/亿 m³	保证率/%	农村需水/亿 m³	农村供水/亿 m³	缺水/亿 m³	保证率/%	总需水/亿 m³	总供水/亿 m³	总缺水/亿 m³	入海水/亿 m³
滦河及冀东沿海平原	6.56	6.56	0.00	97	14.11	14.11	0.00	97	20.67	20.67	0.00	21.95
蓟运河山区	0.78	0.78	0.00	97	3.66	3.66	0.00	97	4.44	4.44	0.00	—
潮白河山区	0.22	0.22	0.00	97	2.99	2.99	0.00	97	3.21	3.21	0.00	—
北运河山区	0.33	0.33	0.00	97	0.81	0.81	0.00	97	1.14	1.14	0.00	—
永定河山区	8.78	8.78	0.00	97	23.34	23.34	0.00	97	32.12	32.12	0.00	—
北四河平原	38.33	38.33	0.00	97	31.35	27.42	−3.93	56	69.68	65.75	−3.93	10.47
大清河北支山区	2.00	2.00	0.00	97	1.90	1.90	0.00	97	3.90	3.90	0.00	—
大清河南支山区	0.78	0.78	0.00	97	1.36	1.36	0.00	97	2.14	2.14	0.00	—
滹沱河山区	5.11	5.11	0.00	97	14.52	14.52	0.00	97	19.63	19.63	0.00	—
滏阳河山区	2.11	2.11	0.00	97	4.75	4.75	0.00	97	6.86	6.86	0.00	—
漳河山区	3.56	3.56	0.00	97	7.19	7.19	0.00	97	10.75	10.75	0.00	—
卫河山区	4.44	4.44	0.00	97	10.31	9.98	−0.33	81	14.75	14.42	−0.33	—
淀西清北平原	3.89	3.89	0.00	97	6.65	6.65	−0.00	94	10.54	10.54	−0.00	—
淀东清北平原	0.78	0.78	0.00	97	6.65	6.61	−0.04	89	7.43	7.39	−0.04	—
淀西清南平原	6.44	6.07	−0.37	44	7.06	7.06	0.00	97	13.50	13.13	−0.37	—
淀东清南平原	20.11	11.27	−8.84	6	37.04	32.56	−4.48	53	57.15	43.83	−13.32	11.69
漳滏平原	10.44	8.66	−1.78	0	20.90	8.70	−12.20	8	31.34	17.36	−13.98	—
滏西平原	8.78	6.89	−1.89	8	18.73	16.87	−1.86	39	27.51	23.76	−3.75	—
漳卫平原	7.00	7.00	0.00	97	24.02	21.63	−2.39	50	31.02	28.63	−2.39	—
黑龙港平原	3.67	3.67	0.00	97	26.73	16.69	−10.04	17	30.40	20.36	−10.04	—
运东平原	2.67	2.67	0.00	97	5.70	5.70	0.00	97	8.37	8.37	0.00	11.43
徒骇马颊河	10.89	10.89	0.00	97	74.77	61.03	−13.74	11	85.66	71.92	−13.74	1.84
海河流域合计	156.23	143.35	−12.88	—	352.41	303.40	−49.01	—	508.64	446.75	−61.89	—
50%	156.23	142.80	−13.43	—	352.41	304.44	−47.97	—	508.64	447.24	−61.40	—
75%	156.23	139.23	−17.00	—	352.41	278.81	−73.60	—	508.64	418.04	−90.60	—
95%	156.23	137.10	−19.13	—	352.41	255.97	−96.44	—	508.64	393.07	−115.57	—

表 6-7　2030 年各水资源分区的供需水平衡表

分区	城市需水/亿 m³	城市供水/亿 m³	缺水/亿 m³	保证率/%	农村需水/亿 m³	农村供水/亿 m³	缺水/亿 m³	保证率/%	总需水/亿 m³	总供水/亿 m³	总缺水/亿 m³	入海水/亿 m³
滦河山区	4.84	4.84	0.00	97	6.25	6.25	0.00	97	11.09	11.09	0.00	—
冀东沿海山区	3.92	3.92	0.00	97	1.36	1.36	0.00	97	5.28	5.28	0.00	—
滦河及冀东沿海平原	6.80	6.80	0.00	97	13.72	13.72	0.00	97	20.52	20.52	0.00	23.86
蓟运河山区	0.81	0.81	0.00	97	3.53	3.53	0.00	97	4.34	4.34	0.00	—
潮白河山区	0.35	0.35	0.00	97	2.99	2.99	0.00	97	3.34	3.34	0.00	—
北运河山区	0.35	0.35	0.00	97	0.81	0.81	0.00	97	1.16	1.16	0.00	—
永定河山区	9.57	9.57	0.00	97	22.68	22.68	0.00	97	32.25	32.25	0.00	—
北四河平原	41.96	41.48	-0.48	75	31.24	25.98	-5.26	53	73.20	67.46	-5.74	8.82
大清河北支山区	2.19	2.19	0.00	97	1.90	1.90	0.00	97	4.09	4.09	0.00	—
大清河南支山区	0.81	0.81	0.00	97	1.36	1.36	0.00	97	2.17	2.17	0.00	—
滹沱河山区	5.53	5.53	0.00	97	14.13	14.13	0.00	97	19.66	19.66	0.00	—
滏阳河山区	2.07	2.07	0.00	97	4.62	4.62	0.00	97	6.69	6.69	0.00	—
漳河山区	3.92	3.92	0.00	97	6.93	6.93	0.00	97	10.85	10.85	0.00	—
卫河山区	4.96	4.96	0.00	97	10.05	9.66	-0.39	72	15.01	14.62	-0.39	—
淀西清北平原	4.38	4.38	0.00	97	6.66	6.62	-0.04	89	11.04	11.00	-0.04	—
淀东清北平原	0.81	0.81	0.00	97	6.66	6.58	-0.08	86	7.47	7.39	-0.08	—
淀西清南平原	6.69	6.19	-0.50	44	6.93	6.93	0.00	97	13.62	13.12	-0.50	—
淀东清南平原	20.75	11.31	-9.44	6	36.67	33.91	-2.76	56	57.42	45.22	-12.20	13.63
滹滏平原	10.84	8.67	-2.17	0	20.92	8.37	-12.55	6	31.76	17.04	-14.72	—
滏西平原	9.11	6.91	-2.20	6	18.74	17.71	-1.03	50	27.85	24.62	-3.23	—
漳卫平原	7.72	7.72	0.00	97	23.50	20.95	-2.55	50	31.22	28.67	-2.55	—
黑龙港平原	3.80	3.80	0.00	97	26.76	16.79	-9.97	22	30.56	20.59	-9.97	—
运东平原	2.77	2.77	0.00	97	5.70	5.70	0.00	97	8.47	8.47	0.00	11.63
徒骇马颊河	11.07	11.07	0.00	97	75.11	61.21	-13.90	11	86.18	72.28	-13.90	1.82
海河流域合计	166.02	151.23	-14.79	—	349.22	300.70	-48.52	—	515.24	451.93	-63.31	—
50%	166.02	151.00	-15.02	—	349.22	302.69	-46.53	—	515.24	453.69	-61.55	—
75%	166.02	146.52	-19.50	—	349.22	276.70	-72.52	—	515.24	423.22	-92.02	—
95%	166.02	143.21	-22.81	—	349.22	253.89	-95.33	—	515.24	397.10	-118.14	—

6.1.2 在可能发生的连续枯水年的条件下

(1) "111010"方案、"111210"方案和"111000"方案

"111010"方案是高节水力度,逐步加大污水处理力度,逐步停止地下水开采,无南水北调工程中东线的水资源补充,连续枯水年发生在 2015~2020 年,不发生气候变化情景组合;"111210"方案高节水力度,逐步加大污水处理力度,逐步停止地下水开采,有南水北调工程中东线的水资源补充,连续枯水年发生在 2015~2020 年,不发生气候变化情景组合,两者的差异在于南水北调。"111000"方案是采用高节水力度,逐步加大污水处理力度,逐步停止地下水的超采,没有南水北调工程水量,没有连续枯水,没有发生气候变化的情景组合。

如图 6-16 所示,"111210"方案比"111010"方案的经济增长要快,通过"111210"方案和"111000"方案的对比,说明即使在枯水年条件下,南水北调的调水量也不足以弥补连续枯水年对经济的巨大影响。

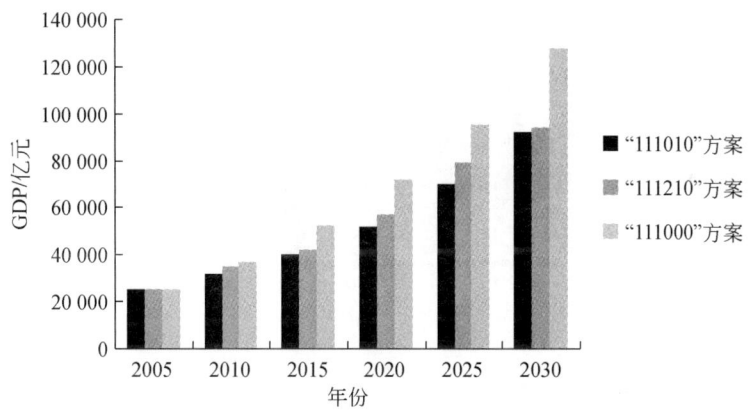

图 6-16 "111010"方案、"111000"方案与"111210"方案对比

在对图 6-17 和图 6-18 的比较中,从供水风险来看,"111210"方案要比"111010"方案风险率低。到 2030 年时,两者缺水率差值已经达到了 6%,说明南水北调对抗供水风险的巨大作用。

(2) "111020"方案、"111220"方案和"111000"方案

"111020"方案是高节水力度,逐步加大污水处理力度,逐步停止地下水开采,无南水北调工程中东线的水资源补充,连续枯水年发生在 2025~2030 年,不发生气候变化情景组合;"111220"方案高节水力度,逐步加大污水处理力度,逐步停止地下水开采,有南水北调工程中东线的水资源补充,连续枯水年发生在 2025~2030 年,不发生气候变化情景组合。两者的差异在于有无南水北调。"111000"方案是采用高节水力度,逐步加大污水处理力度,逐步停止地下水的超采,没有南水北调工程水量,没有连续枯水,没有发

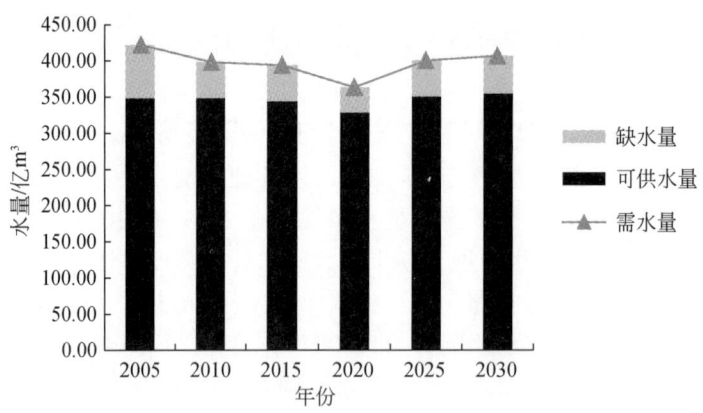

图 6-17 "111010"方案的供需水分析

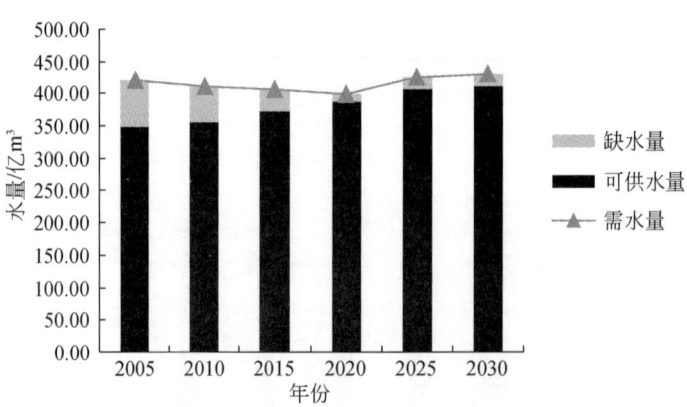

图 6-18 "111210"方案的供需水分析

生气候变化的情景组合。

图 6-19 中"111220"方案比"111020"方案的经济增长要快,到 2030 年两种方案的 GDP 差值已经超过 25%,但从图中看来,通过"111210"方案和"111000"方案的对比,说明即使在枯水年条件下,南水北调的调水量也不足以弥补现状条件下的没有南水北调工程时的经济发展。

从图 6-20 和图 6-21 的比较中,从供水风险来看,"111220"方案要比"111010"方案风险低,到 2030 年时,两者缺水率差值已经达到了 5%,说明南水北调对抗供水风险的巨大作用。

第 6 章 海河流域水资源配置情景分析

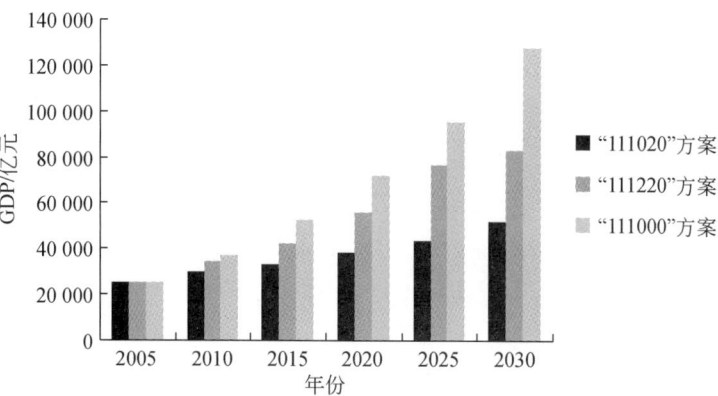

图 6-19 "111020"、"111000" 方案与 "111220" 方案对比

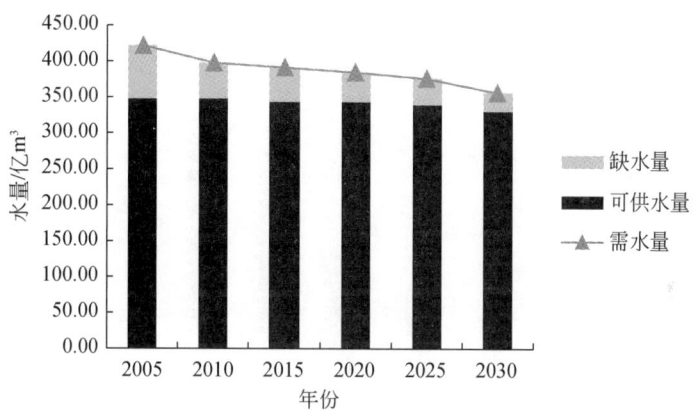

图 6-20 "111020" 方案的供需水分析

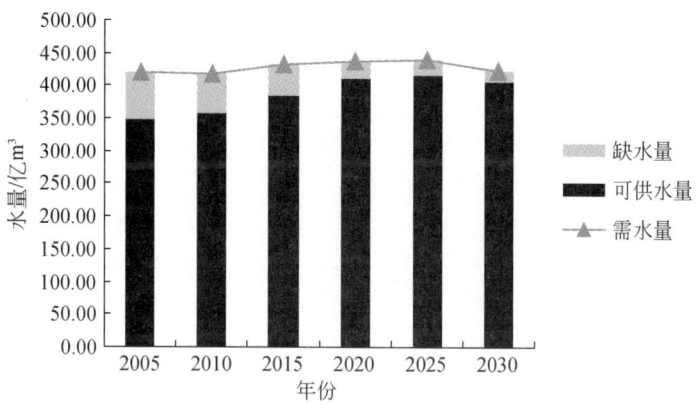

图 6-21 "111220" 方案的供需水分析

6.1.3 在可能出现的气候变化条件下

(1) "111201"方案和"111200"方案

"111201"方案是高节水力度,逐步加大污水处理力度,逐步停止地下水的开采,有南水北调工程中东线的水资源补充,无连续枯水年,发生气候变化使可用水量增加5%的情景组合;"111200"方案是高节水力度,逐步加大污水处理力度,逐步停止地下水的开采,有南水北调工程中东线的水资源补充,无连续枯水年,未发生气候变化的情景组合。两者的差异在于气候变化。

图6-22中"111201"方案比"111200"方案的经济增长速度要快,从2025年和2030年的增长来看,"111201"方案约增长了1.04%左右。反映了南水北调的背景下,微小的气候变化所导致的来水量增加对经济的促进作用。"111201"方案的水资源供需情况如图6-23所示。

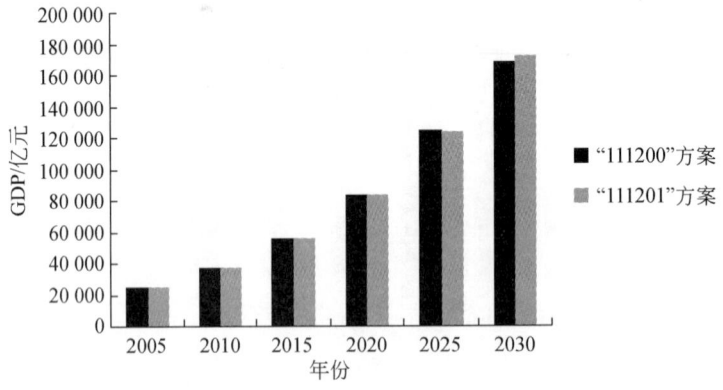

图6-22 "111201"方案与"111200"方案对比

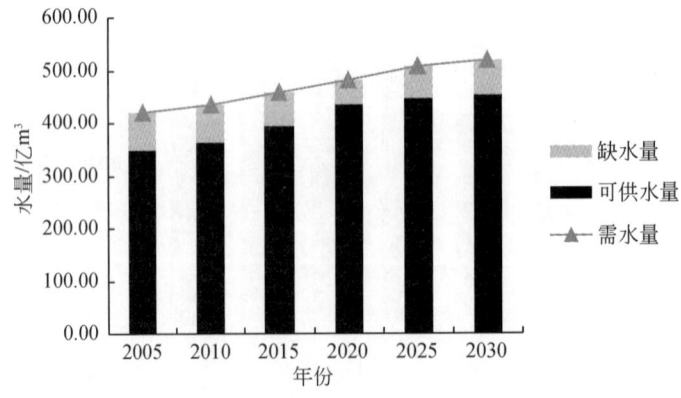

图6-23 "111201"方案的供需水分析

(2)"111202"方案和"111200"方案

"111202"方案是高节水力度,逐步加大污水处理力度,逐步停止地下水的开采,有南水北调工程中东线的水资源补充,无连续枯水年,发生气候变化使可用水量增加10%的情景组合;"111200"方案是高节水力度,逐步加大污水处理力度,逐步停止地下水的开采,有南水北调工程中东线的水资源补充,无连续枯水年,未发生气候变化的情景组合。两者的差异在于气候变化。

图6-24中"111202"方案比"111200"方案的经济增长速度要快,从2025年和2030年的增长来看,"111201"方案约增长大于1.92%。反映了南水北调的背景下,微小的气候变化所导致的来水量的增加对经济的促进作用。"111202"方案的水资源供需情况如图6-25所示。

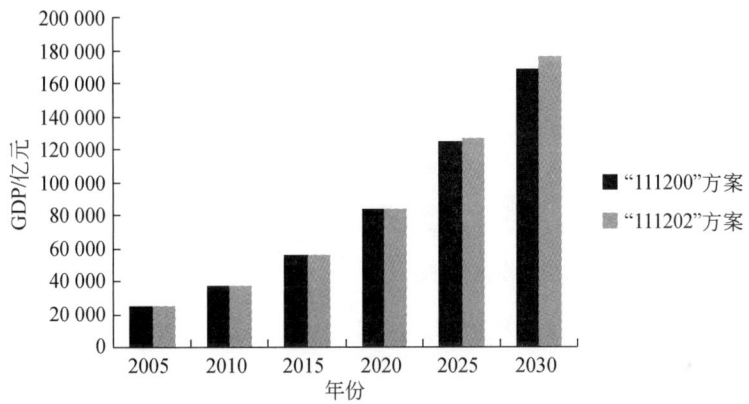

图6-24 "111202"方案与"111200"方案对比

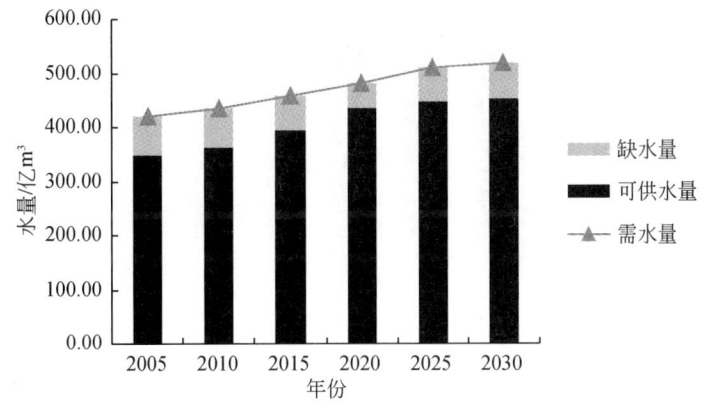

图6-25 "111202"方案的供需水分析

(3)"111203"方案和"111200"方案

"111203"方案是高节水力度,逐步加大污水处理力度,逐步停止地下水的开采,有南水北调工程中东线的水资源补充，无连续枯水年，发生气候变化使可用水量增加15%的情景组合；"111200"方案是高节水力度，逐步加大污水处理力度，逐步停止地下水的开采，有南水北调工程中东线的水资源补充，无连续枯水年，未发生气候变化的情景组合。两者的差异在于气候变化。

图 6-26 中"111203"方案比"111200"方案的经济增长速度要快，从2025年和2030年的增长来看，"111203"方案增长约大于2.80%，反映了南水北调的背景下，微小的气候变化所导致的来水量的增加对经济的促进作用。"111203"方案的水资源供需情况如图 6-27 所示。

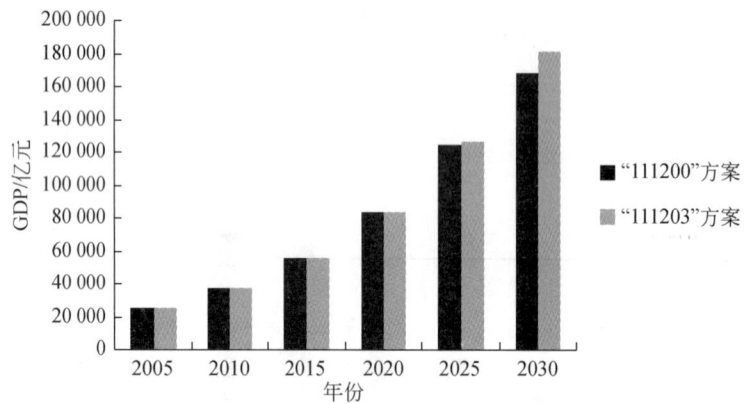

图 6-26 "111203"方案与"112000"方案对比

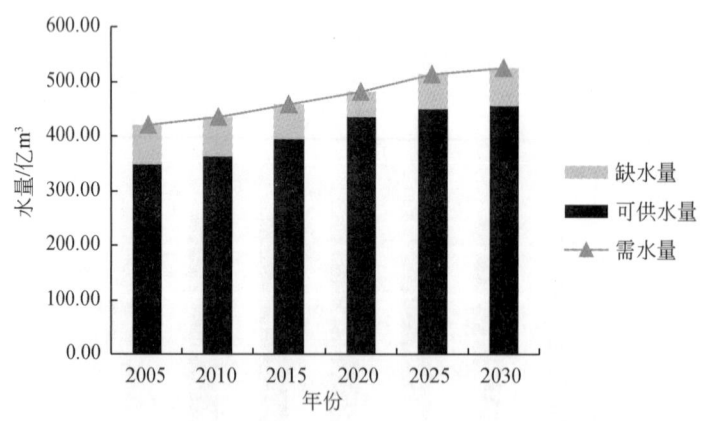

图 6-27 "111203"方案的供需水分析

(4)"111204"方案和"111200"方案

"111204"方案是高节水力度，逐步加大污水处理力度，逐步停止地下水的开采，有南水北调工程中东线的水资源补充，无连续枯水年，发生气候变化使可用水量减小5%的情景组合；"111200"方案是高节水力度，逐步加大污水处理力度，逐步停止地下水的开采，有南水北调工程中东线的水资源补充，无连续枯水年，未发生气候变化的情景组合。两者的差异在于气候变化。

图 6-28 中"111204"方案比"111200"方案的经济增长速度要慢，从后两年减少的总和来看，"111204"方案的增长约减少 1.09%，反映了南水北调的背景下，微小的气候变化所导致的来水量的减小对经济的限制作用。"111204"方案的水资源供需情况如图 6-29 所示。

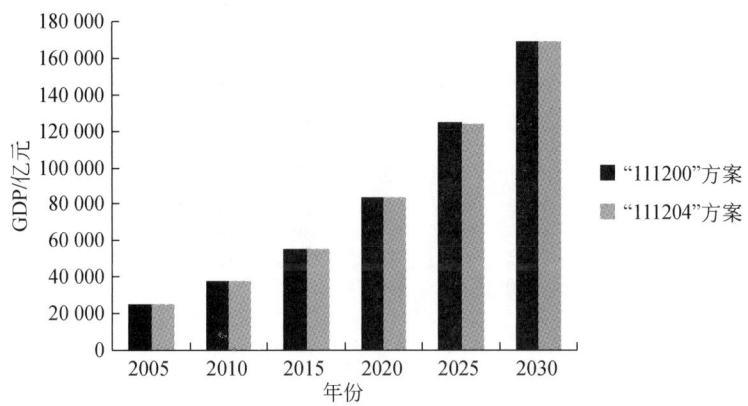

图 6-28 "111204"方案与"111200"方案对比

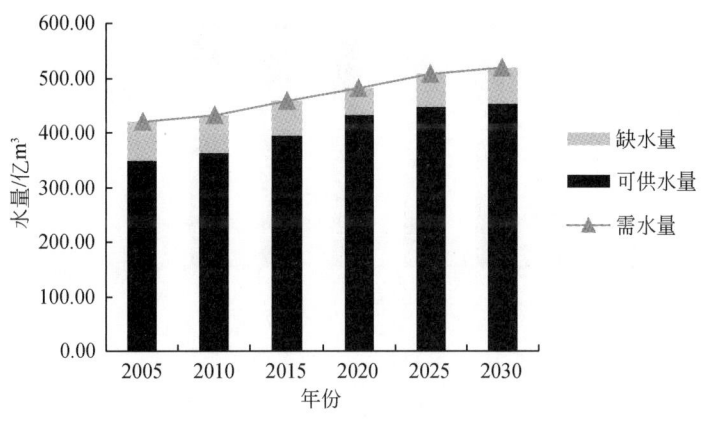

图 6-29 "111204"方案供需水分析

(5) "111205"方案和"111200"方案

"111205"方案是高节水力度，逐步加大污水处理力度，逐步停止地下水的开采，有南水北调工程中东线的水资源补充，无连续枯水年，发生气候变化使可用水量减小 10% 的情景组合；"111200"方案是高节水力度，逐步加大污水处理力度，逐步停止地下水的开采，有南水北调工程中东线的水资源补充，无连续枯水年，未发生气候变化的情景组合。两者的差异在于气候变化。

图 6-30 中"111205"方案比"111200"方案的经济增长速度要慢,从后两年增长的总和来看,"111205"方案的增长减少 2.71%,反映了南水北调的背景下,微小的气候变化所导致的来水量的减小对经济的限制作用。"111205"方案的水资源供需情况如图 6-31 所示。

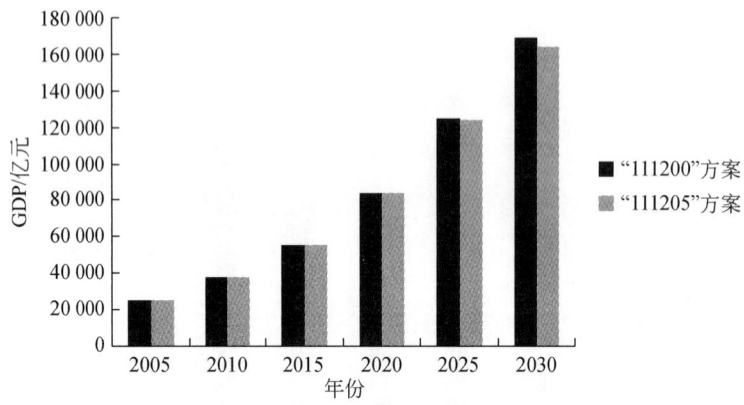

图 6-30　"111205"方案与"111200"方案对比

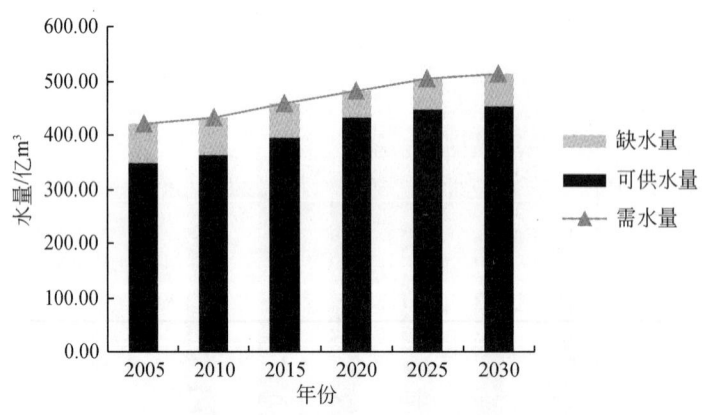

图 6-31　"111205"方案的供需水分析

(6)"111206"方案和"111200"方案

"111206"方案是高节水力度,逐步加大污水处理力度,逐步停止地下水的开采,有南水北调工程中东线的水资源补充,无连续枯水年,发生气候变化使可用水量减小 15% 的情景组合;"111200"方案是高节水力度,逐步加大污水处理力度,逐步停止地下水的开采,有南水北调工程中东线的水资源补充,无连续枯水年,未发生气候变化的情景组合。两者的差异在于气候变化。

图 6-32 中"111206"方案比"111200"方案的经济增长速度要慢得多,从各年增长的总和来看,"111206"方案的增长约减少 5.35%,反映了南水北调的背景下,微小的气

候变化所导致的来水量的减小对经济的限制作用。"111206"方案的水资源供需情况如图 6-33 所示。

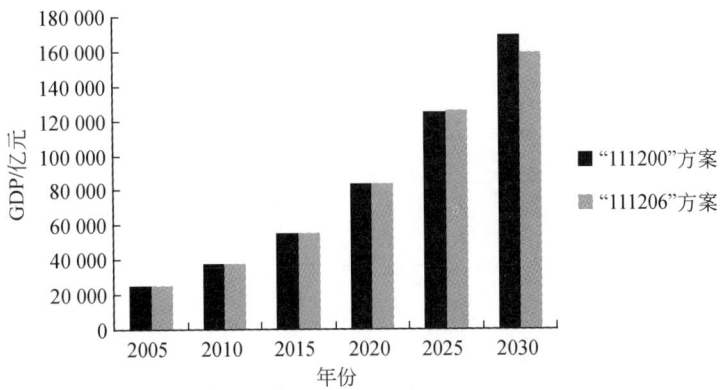

图 6-32　"111206"方案与"111200"方案对比

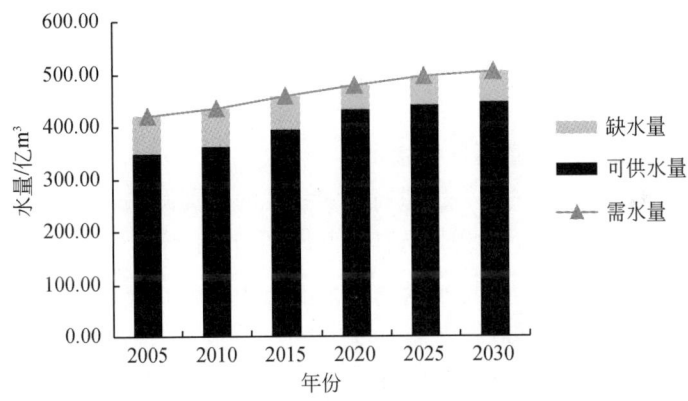

图 6-33　"111206"方案的供需水分析

6.1.4　气候变化情境下水资源变化的经济影响与风险预留估算

(1) 气候情景下水资源变化对经济影响的评估

综合以上分析，得到不同气候变化情境下水资源变化对经济的影响评估呈现非线性变化特征，对于 2025~2030 水平年，其关系如图 6-34 所示。

可以看出，气候变化情景下水资源变化对经济的影响具有凹函数的一半特性，符合经济学规律，即在变化幅度相同的条件下，增加水资源量带来的收益小于减少相同水资源量带来的损失。例如，增加 15% 的水资源带来的损失约为 2.8%，而减少 15% 水资源量带来的损失为 5.35%。两者之间的关系可以用一个三次多项式拟合：

$$D(x) = -12.9x^4 + 3.0946x^3 - 0.2899x^2 + 0.2018x + 0.0003 \tag{6-1}$$

式中，D 为经济影响幅度，定义为不同方案 GDP 变化量与水资源无变化方案（"111200"方案）GDP 的比值，即 $D = (GDP - GDP_{111200})/GDP_{111200}$；$x$ 为水资源变化幅度，定义为不同气候情景下水资源变化量与无变化水资源量的比值，即 $x = (W - W_{111200})/W_{111200}$。两者拟合后的相关系数 $R^2 = 0.9999$。

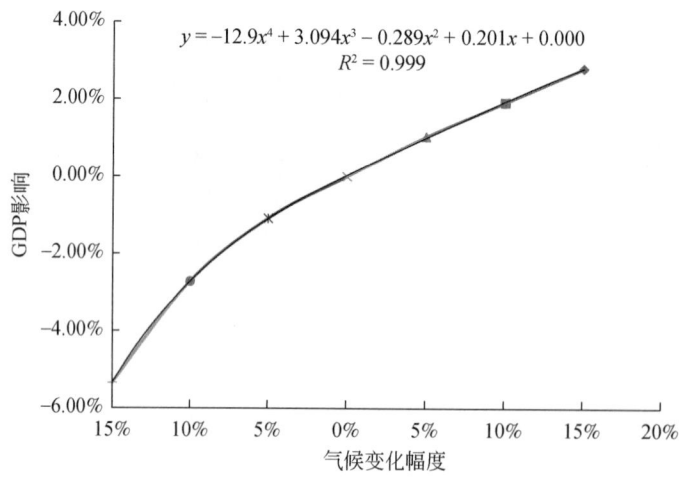

图 6-34　不同气候变化情境下水资源变化对经济的影响评估

（2）风险预留原理与预留量估算方法

由于未来水资源变化风险的存在，进行一定程度的水资源风险储备，以预防水资源减少带来的风险，是不确定条件下的理性选择。其原理如下：

$\bar{x}$ 是水资源条件不变情况下的用水量变化幅度（为 0），$D(\bar{x})$ 是水资源条件不变情况下的 GDP 变化幅度（即"111200"方案，为 0），x 为未来气候变化时期的实际用水量，$D(x0)$ 为未来气候变化时期的实际 GDP 变化幅度（相对于"111200"方案）。在假定当前水资源量确定的条件下，考虑未来水资源量的不确定性，则未来的实际用水量可以表示为

$$x = \bar{x} + \varepsilon \tag{6-2}$$

式中，ε 为气候变化幅度。假定 ε 满足对称分布（例如正态分布），则有

$$\begin{cases} E[\varepsilon] = 0 \\ E[\varepsilon^2] = \sigma^2 \end{cases} \tag{6-3}$$

式中，$E[\cdot]$ 代表期望值；σ^2 代表气候变化的方差。这样我们有

$$D(x) = D(\bar{x} + \varepsilon) \tag{6-4}$$

应用泰勒公式，可得

$$E[D(\bar{x} + \varepsilon)] = E\left[D(\bar{x}) + D'(\bar{x}) \cdot \varepsilon + D''(\bar{x}) \cdot \frac{\varepsilon^2}{2!} + D'''(\bar{x}) \cdot \frac{\varepsilon_1^3}{3!} + \cdots \right] \tag{6-5}$$

忽略 3 阶及更高阶项，式（6-5）变为

$$E[D(x)] = D(\bar{x}) + D'(\bar{x}) \cdot E[\varepsilon] + 0.5 D''(\bar{x}) \cdot E[\varepsilon^2] \tag{6-6}$$

根据式 (6-3)，得

$$E[D(x)] = D(\bar{x}) + 0.5D''(\bar{x}) \cdot \sigma^2 \tag{6-7}$$

根据式 (6-1)，可得

$$D''(\bar{x}) = -154.8\bar{x}^2 + 18.568\bar{x} - 0.580 \tag{6-8}$$

由于 $\bar{x}=0$，$D(\bar{x})=0$，根据式 (6-7) 和式 (6-8)，可得

$$E[D(x)] = -0.29\sigma^2 \tag{6-9}$$

式 (6-9) 是估算水资源变化不确定性对经济影响的定量计算公式，该公式表明，在气候变化导致水资源量不确定的条件下，未来的 GDP 期望值必定小于水资源不变条件下的规划值（"111200"方案的 GDP），GDP 的变化幅度的期望值与水资源变化幅度的概率分布相关。

因此，要达到规划的经济发展水平，必须预防这种气候变化带来的风险损失。例如，假定气候变化条件下水资源的变化幅度概率分布对应的 $\sigma^2=0.1$，则根据 $E[D(x)]=-2.9\%$，即 GDP 变化幅度的期望值为 -2.9%，如图 6-34 所示，则需要预留大约当前总水资源量 11% 的水量，即大约 24 亿 m³ 水量，来对冲这种风险损失，以应对气候变化带来的水资源不确定性。

6.2　海河流域案例研究小结

通过对以上各个方案的计算和分析，可以得到以下几个基本结论：

1）重视水环境保护，逐步加大治污力度对促进海河流域可持续发展有着良好的作用。虽然加大治污力度需要较高的水投资，但就其整体的、长远的效益来看，是有利的。

2）节水是海河流域今后水资源利用一贯坚持的基本策略，一般节水力度对海河这一水资源短缺区域远远不够，应积极采取高节水措施促进流域水资源合理高效利用，使之成为海河流域水资源利用与管理的基本方针。

3）从长远来看，海河流域自身水资源只能支撑流域经济社会以中速发展，南水北调工程是解决海河流域水资源问题的根本，同时具有极大的社会经济效益和生态环境效益。

4）在目前水资源状况下，特别是在高水资源利用率和高地下水超采量的情况下，海河流域自身的抵御风险的能力很差，连续枯水系列的发生将对流域经济社会产生极大影响。南水北调工程可以使流域抵御这种风险的能力大大提高。

5）在未来的气候变化的可能条件下，由于气候变化的作用，会使得当地水量增加或减少，进而对当地经济发展造成较大影响，而南水北调的投入使用，会使得这种影响大大减小，提高了抵御气候变化的能力。

6）在气候变化对水资源影响不确定的条件下，预留一部分抗风险用水是理性选择，预留量的大小与未来水资源变化幅度的概率分布估算直接相关。

第 7 章 淮河区水资源配置整体模型与情景设置

本章结合淮河区的基本情况,介绍了整体模型在淮河区应用的时空分区、节点概化和重要参数设定,并给出了淮河区整体模型的边界条件和情景设置。

7.1 淮河区概况与整体模型设置

淮河区包括淮河流域及山东半岛,地处我国东部,位于长江和黄河之间,跨湖北、河南、安徽、江苏、山东五省,面积约 33 万 km²。其中,淮河流域跨湖北、河南、安徽、江苏、山东五省,涉及 40 个地级市,面积约 27 万 km²;山东半岛在山东省境内,涉及 10 个地级市,面积约 6 万 km²。

7.1.1 淮河区概况

(1) 地理位置

淮河流域位于我国东部,位于长江和黄河之间,流域面积 27 万 km²。跨湖北、河南、安徽、江苏、山东五省 40 个地级市。淮河流域分淮河水系和沂沭泗两大水系,废黄河以南为淮河水系,以北为沂沭泗水系。

淮河水系西起伏牛山、桐柏山,东临黄海,南以大别山、江淮丘陵、通扬运河及如泰运河南堤与长江流域分界,北至废黄河,集水面积约 19 万 km²,约占流域总面积的 70.3%。

淮河干流发源于河南省南部桐柏山,自西向东流经河南、安徽、江苏,至三江营入长江,全长约 1000km。从河源到洪河口为上游,流域面积约 3 万 km²,河长 364km;从洪河口至洪泽湖出口为中游,面积约 13 万 km²,河长 490km;洪泽湖以下为下游,面积约为 3 万 km²,河长 150km。

山东半岛地形自西向东呈马鞍型,西部地形南高北低,为泰沂山北麓、山丘区和平原;东部为低山丘陵区和平原,青岛崂山顶海拔 1133m;中部为断陷盆地,大泽山、艾山之北有东西狭长的滨海山麓平原。山东半岛的山丘区占全面积的 23%,丘陵占 31%,平原占 36%,洼地占 10%。

(2) 水文气象

淮河水系地处我国南北气候过渡带。淮河以北属暖温带半湿润季风气候区,以南属亚热带湿润季风气候区。多年平均年降水量约为911mm（1956~2000年系列，下同）。降水量地区分布状况大致是由南向北递减，山区多于平原，沿海大于内陆。降水量的年内分配不均匀，有七成年份汛期（6~9月）降水量超过全年的60%；降水量年际变化较大，多数雨量站年降水量最大值为最小值的2~4倍。

淮河水系多年平均径流深238mm。年径流的地区分布类似于降水，呈现南部大于北部，同纬度山区大于平原的规律。南部大别山区径流深最大，淠河上游径流深高达1000mm以上；豫东平原北部沿黄河一带径流深最低，为50~100mm。径流年内分配与降水年内分配相似，汛期6~9月径流量约占全年的55%~82%。径流年际变化较降水更加剧烈，大多数地区年径流深最大值与最小值之比为5~25，北部大，南部小。

（3）河流水系

淮河上中游支流众多。南岸支流都发源于大别山区及江淮丘陵区，源短流急，主要有浉河、白露河、史河、淠河、东淝河、池河等。北岸支流主要有洪汝河、沙颍河、涡河、怀洪新河、新汴河、奎濉河等，其中除洪汝河、沙颍河上游有部分山丘区以外，其余都是平原排水河道。支流中流域面积以沙颍河最大，近3.7万km²，涡河次之为1.5万km²，其他支流多为3000~12 000 km²。

山东半岛水系均独流入海，主要河流有20余条，其中较大的河流有小清河、潍河、大沽河等。小清河源于泰沂山区北麓，两岸有40余条支流汇入，流域面积约1万km²，河长237km，是山东半岛北部一条主要的排水、灌溉、航运等综合利用河流。

淮河区内湖泊、洼地和湿地众多，其中面积较大的有淮河干流上的洪泽湖、城东湖和瓦埠湖以及汝河的宿鸭湖等。洪泽湖为淮河中下游结合部的巨型平原湖泊，也是江苏省湿地自然保护区。作为我国第四大淡水湖，洪泽湖具有调节淮河洪水并兼有供水、航运、水产养殖等多种功能。

淮河区主要河流、湖泊特征值见表7-1、表7-2。

表7-1 淮河区主要河流特征值

河流名称	集水面积/km²	起点	终点	长度/km	平均坡降/‰
淮河	190 032	河南省桐柏县太白顶	三江营	1000	0.20
洪汝河	12 380	河南省舞阳龙头山	淮河	325	0.90
史河	6 889	安徽省金寨县大别山	淮河	220	2.11
淠河	6 000	安徽省霍山县天堂寨	淮河	248	1.46
沙颍河	36 728	河南省登封少石山	淮河	557	0.13
涡河	15 905	河南省开封郭厂	淮河	423	0.10
沂河	11 820	山东省沂源县鲁山	骆马湖	333	0.57
沭河	4 529	山东省沂水县沂山	大官庄（区间）	196	0.40
小清河	10 572	山东省泰沂山区北麓	莱州湾	237	0.11

续表

河流名称	集水面积/km²	起点	终点	长度/km	平均坡降/‰
潍河	6 367	山东省莒县箕鲁山	莱州湾	246	0.29
弥河	2 260	山东省临朐	莱州湾	128	0.28
大沽河	4 631	山东省招远县会仙山	胶州湾	179	0.31

表 7-2 淮河区主要湖泊特征值

湖泊名称	正常蓄水位/m	相应面积/km²	相应库容/万 m³
城西湖	21.00	314	56 000
城东湖	20.00	140	28 000
瓦埠湖	18.00	156	22 000
洪泽湖	13.00	2069	410 000
高邮湖	5.70	580	74 300
邵伯湖	4.50	61.8	5 400
南四湖上级湖	34.20	609	79 600
南四湖下级湖	32.50	671	80 000
骆马湖	23.00	375	90 100
高塘湖	17.50	49.0	8 400

（4）社会经济

2008 年淮河区总人口 21 038 万人，占全国总人口的 15% 左右。其中城镇人口 8853 万人，占全国城镇人口的 13%，城镇化率 42%，低于全国平均水平。淮河区 2008 年 GDP 总量为 3.32 万亿元，约占全国的 13%，国内生产总值人均约 1.29 万元，低于全国人均 1.53 万元水平，属于我国经济欠发达地区。淮河区 2008 年农田有效灌溉面积 16246 万亩，2008 年淮河区林牧灌溉面积为 680.4 万亩。

淮河水系工业生产以煤炭、电力为主，淮南、淮北等大型矿区是华东地区重要的能源供应地。此外研究区也是我国重要的商品粮、棉、油生产基地。研究区内交通发达，以淮河干流为主组成了内河航运网络。

山东半岛沿海地区拥有丰富的海盐、渔业等资源，同时水陆交通十分发达，是连接我国南北、东西的重要交通枢纽。山东半岛处于我国东部经济较发达地区，工业化、城镇化的水平较高，国内生产总值 10 453 亿元，人均 2.93 万元。

（5）水资源开发利用

淮河是新中国成立后最先进行大规模治理的第一条大河，50 多年来淮河区已修建了大量的水利工程，已初步形成淮水、沂沭泗水、江水、黄水并用的水资源利用工程体系。

淮河区供水工程包括地表水源、地下水源和其他水源三大类型。目前，淮河区已建成大中小型水库 0.87 万座，塘坝 58.44 万座，引提水工程 1.93 万处，配套机电井约 150 万眼，跨流域调水工程 43 处，形成了约 708 亿 m³ 的年供水能力，其中淮河区 606 亿 m³，山东半岛 102 亿 m³。这些工程供水有力地为保障了流域经济社会发展。淮河区现状供水设施与能力见表 7-3。

表 7-3 淮河区现状供水设施与供水能力 （单位：亿 m³）

分区		地表水工程供水能力						地下水工程供水能力	其他水源工程	总计	
		蓄水工程		引提水工程		调水工程					
		设计	现状	设计	现状	设计	现状			设计	现状
二级区	淮河上游	33.4	20.6	8.2	4.9	0.1	0.1	9.7	0.0	51.4	35.3
	淮河中游	80.0	51.5	117.0	80.1	33.5	12.5	76.3	0.2	307.1	220.7
	淮河下游	6.8	5.3	46.2	38.0	130.0	90.0	3.0	—	186.0	136.4
	沂沭泗河	51.7	38.7	145.1	97.9	21.4	17.1	60.2	0.2	278.6	214.1
	山东半岛	33.6	24.2	22.3	9.4	23.1	16.5	49.9	2.0	130.9	101.8
省级行政区	湖北	2.2	1.7	0.1	0.1	0.1	0.1	0.0	—	2.4	1.9
	河南	53.9	36.2	23.4	10.7	33.5	12.5	55.8	0.1	166.7	115.2
	安徽	58.4	35.8	74.1	51.1	—	—	29.7		162.2	116.6
	江苏	19.1	15.3	161.1	133.8	136.4	96.4	15.0	0.2	331.7	260.7
	山东	38.5	27.2	57.7	25.2	15.0	10.7	48.7	0.2	160.1	112.0
	小计	172.1	116.1	316.3	220.9	185.1	119.7	149.2	0.5	823.1	606.4
淮河区		205.7	140.3	338.7	230.3	208.1	136.2	199.1	2.4	954.0	708.2

目前，淮河水系水资源供需矛盾日益加剧，供水不足已经制约了社会经济的持续、协调发展。水资源过度利用，超出了其合理承载能力，对生态构成了一定的危害。界首、沈丘、邢老家、亳州、临涣集、永城等断面以上人均水资源占有量与人均用水量比较接近，水资源利用率都在 70% 左右，一定程度上挤占了河道生态用水。此外，淮河水系还存在严重的水质污染问题，严重威胁了供水水质安全和水生态系统安全。

7.1.2 淮河区整体模型时空范围设置

对于淮河区（包括淮河流域和山东半岛），模型的基本单元按照三级区套省进行划分，以全国水资源综合规划的三级分区划分为标准，淮河区三级区共 15 个，则三级区套省基本单元共 29 个。模型的流域分区如表 7-4 和图 7-1 所示。

表 7-4 淮河区三级区套省分区信息

单元编码	三级区	省份	所属二级区
E010100HN	王家坝以上北岸	河南	淮河上游区（王家坝以上）
E010100AH	王家坝以上北岸	安徽	淮河上游区（王家坝以上）
E010200HB	王家坝以上南岸	湖北	淮河上游区（王家坝以上）
E010200HN	王家坝以上南岸	河南	淮河上游区（王家坝以上）
E020100HN	王蚌区间北岸	河南	淮河中游区（王家坝至洪泽湖出口）
E020100AH	王蚌区间北岸	安徽	淮河中游区（王家坝至洪泽湖出口）
E020200HN	王蚌区间南岸	河南	淮河中游区（王家坝至洪泽湖出口）
E020200AH	王蚌区间南岸	安徽	淮河中游区（王家坝至洪泽湖出口）
E020300HN	蚌洪区间北岸	河南	淮河中游区（王家坝至洪泽湖出口）
E020300AH	蚌洪区间北岸	安徽	淮河中游区（王家坝至洪泽湖出口）
E020300JS	蚌洪区间北岸	江苏	淮河中游区（王家坝至洪泽湖出口）
E020400AH	蚌洪区间南岸	安徽	淮河中游区（王家坝至洪泽湖出口）
E020400JS	蚌洪区间南岸	江苏	淮河中游区（王家坝至洪泽湖出口）
E030100AH	高天区	安徽	淮河下游区（洪泽湖出口以下）
E030100JS	高天区	江苏	淮河下游区（洪泽湖出口以下）
E030200JS	里下河区	江苏	淮河下游区（洪泽湖出口以下）
E040100SD	湖东区	山东	沂沭泗河区
E040200SD	湖西区	山东	沂沭泗河区
E040200HN	湖西区	河南	沂沭泗河区
E040200AH	湖西区	安徽	沂沭泗河区
E040200JS	湖西区	江苏	沂沭泗河区
E040300SD	中运河区	山东	沂沭泗河区
E040300JS	中运河区	江苏	沂沭泗河区
E040400SD	沂沭河区	山东	沂沭泗河区
E040400JS	沂沭河区	江苏	沂沭泗河区
E040500SD	日赣区	山东	沂沭泗河区
E040500JS	日赣区	江苏	沂沭泗河区
E050100SD	小清河区	山东	山东半岛沿海诸河区
E050200SD	胶东诸河区	山东	山东半岛沿海诸河区

第 7 章 | 淮河区水资源配置整体模型与情景设置

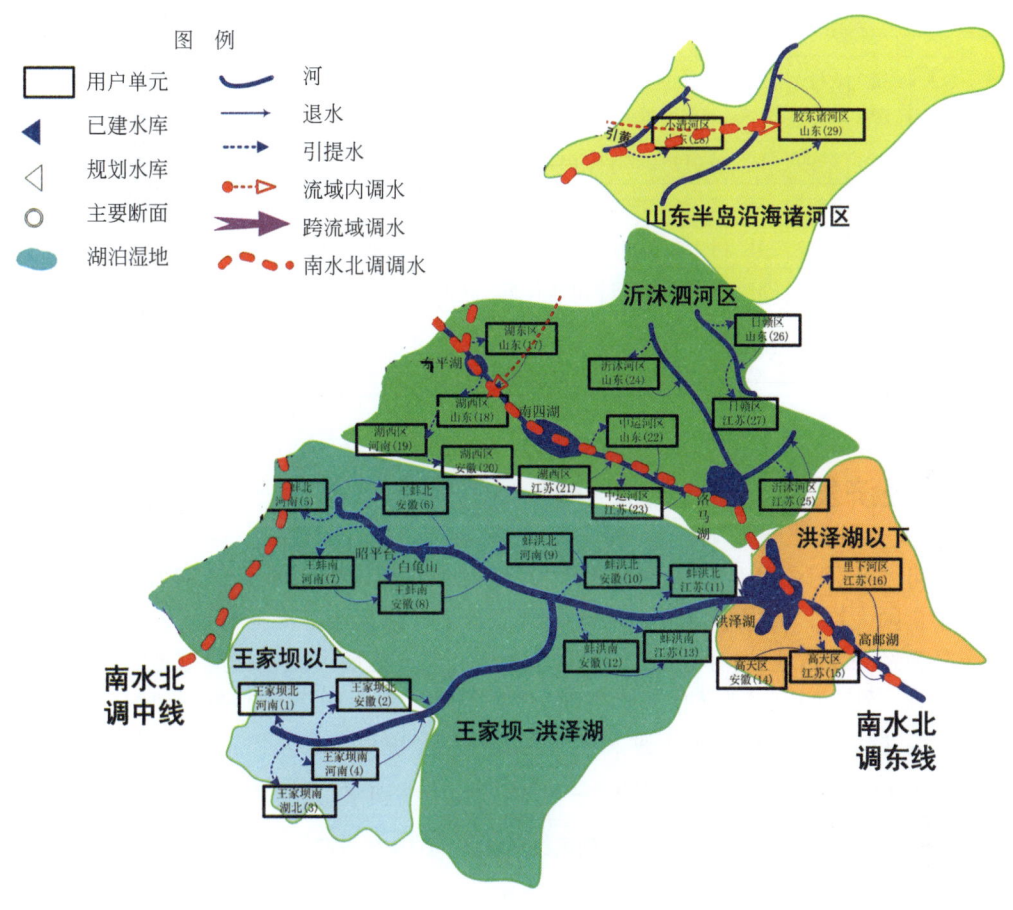

图 7-1 淮河区节点图

7.2 边界条件

7.2.1 人口发展与城市化率

2008 年,淮河区总人口 21 038 万人,占全国总人口的 15% 左右。其中城镇人口 8853 万人,占全国城镇人口的 13%,城镇化率 42%,低于全国水平。参考《淮河区综合规划》,2015 年总人口达到 21 500 万人,城镇化率 47%,2020 年总人口达到 22 272 万人,城镇化率 53%,2030 年达到 23 008 万人,城镇化率 61%,如表 7-5 所示。

表 7-5 淮河区总人口与城镇化率设定

分区	基准年 总人口/%	基准年 城镇人口/%	基准年 农村人口/%	基准年 城镇化率/%	2015年 总人口/%	2015年 城镇人口/%	2015年 农村人口/%	2015年 城镇化率/%	2020年 总人口/%	2020年 城镇人口/%	2020年 农村人口/%	2020年 城镇化率/%	2030年 总人口/%	2030年 城镇人口/%	2030年 农村人口/%	2030年 城镇化率/%
河南	5 915	2 116	3 799	36	6 019	2 375	3 644	39	6 290	2 889	3 401	46	6 599	3 650	2 948	55
安徽	3 658	1 285	2 373	35	3 726	1 492	2 233	40	3 831	1 778	2 053	46	3 987	2 199	1 788	55
江苏	4 318	1 776	2 542	41	4 451	2 151	2 300	48	4 717	2 529	2 188	54	4 986	3 033	1 953	61
山东	7 134	3 671	3 463	51	7 278	4 169	3 108	57	7 407	4 546	2 860	61	7 407	5 185	2 222	70
湖北	25	6	19	24	26	7	20	25	27	7	20	25	29	8	20	29
淮河区	21 038	8 853	12 185	42	21 500	10 194	11 306	47	22 272	11 749	10 522	53	23 008	14 075	8 931	61

7.2.2 经济发展

2008 年，淮河区 GDP 总量约为 3.32 万亿元，占全国的 13%，人均 GDP 约 1.29 万元，低于全国人均 1.53 万元水平，属于我国经济欠发达地区。淮河区经济发展极不平衡，山东半岛为经济发达地区，河南、安徽两省为经济欠发达地区。根据流域各省社会经济发展战略规划，结合国家发改委宏观经济研究院提出的"全国国民经济发展研究专题成果"，本次设定为快速发展情景：预计到 2015 年 GDP 达到 49 677 亿元，2020 年达到 70 730 亿元，2030 年达到 132 511 亿元，2008～2030 年年均增长率为 7.0%（表 7-6）。

表 7-6 淮河区经济发展（GDP）设定　　　　　　　　　　（单位：亿元）

分区	基准年	2015 年	2020 年	2030 年
河南	6 610	10 491	15 100	28 612
安徽	3 441	4 863	6 868	12 411
江苏	6 283	8 878	12 137	21 422
山东	16 884	25 414	36 588	69 995
湖北	19	30	38	70
淮河区合计	33 237	49 677	70 730	132 511

7.2.3 灌溉面积

2008 年淮河区农田有效灌溉面积 16 246 万亩，预测 2015 年达到 16 516 万亩，2020 年、2030 年农田有效灌溉面积分别为 16 737 万亩、17 064 万亩。2008 年淮河区林牧灌溉面积为 680 万亩，根据林牧发展思路，预计 2015 年达到 757 万亩，2020 年和 2030 年分别发展为 819 万亩和 849 万亩，见表 7-7。

表 7-7 淮河区灌溉面积设定

省区	农田有效灌溉面积/万亩				林牧灌溉面积/万亩			
	基准年	2015 年	2020 年	2030 年	基准年	2015 年	2020 年	2030 年
河南	4 534	4 709	4 852	5 064	20	27	32	37
安徽	2 930	3 008	3 071	3 166	131	131	131	131
江苏	3 854	3 787	3 733	3 652	83	92	99	101
山东	4 913	4 996	5 064	5 164	446	507	557	580
湖北	15.00	16	17	18	0.40	0.43	0.45	0.50
淮河区	16 246	16 516	16 737	17 064	680	757	819	849

7.2.4 节水力度

2008 年，淮河区单位 GDP 用水量 224 m³/万元，工业用水重复利用率 62%，农田灌溉亩均用水量 290 m³/万亩，农业灌溉水利用系数 0.50，城镇供水管网综合漏失率 17%。淮河区将全面推进节水型社会建设，对全社会用水实行总量控制和定额管理，促进产业结构的调整和升级，提高水资源的利用效率和效益，实现农业用水总量基本不增长、经济社会发展用水总量缓慢增长。

水资源利用效率和效益明显提高，淮河区万元 GDP 用水量年均降低 5% 以上，2020 年降到 105 m³/万元以下，2030 年降到 58m³/万元以下。2020 年农业灌溉水利用系数从 0.50 提高到 0.57，节水灌溉面积增加 2000 万亩，2030 年达到 0.60，节水灌溉面积增加 3500 万亩，农业灌溉用水实现基本不增长。工业综合用水重复利用率从 2008 年的 62% 提高到 2015 年的 68%，2020 年提高到 73%，2030 年提高至 79%。城市供水管网漏失率从 2008 年的 17% 下降至 2015 年的 14%，节水器具普及率达到 62%；2020 年城市供水管网漏失率 12%，节水器具普及率达到 73%；2030 年城市供水管网漏失率达到 9%，节水器具普及率达到 80%（表 7-8）。

表 7-8 强化节水模式下淮河区不同水平年节水指标

分区	水平年	节水灌溉面积/万亩	工业重复利用率/%	节水器具普及率/%	城市管网漏失率/%
河南	2015	1814	75	63	15
	2020	1995	80	75	13
	2030	2394	85	85	9
安徽	2015	1172	60	55	13
	2020	1289	68	70	11
	2030	1547	75	80	9
江苏	2015	1542	65	65	14
	2020	1696	70	80	12
	2030	2035	75	90	9

续表

分区	水平年	节水灌溉面积/万亩	工业重复利用率/%	节水器具普及率/%	城市管网漏失率/%
山东	2015	1965	75	65	13
	2020	2162	80	75	11
	2030	2594	85	85	9
湖北	2015	6	66	60	15
	2020	7	70	70	13
	2030	8	73	80	9
淮河区合计	2015	6498	68	62	14
	2020	7148	73	73	12
	2030	8578	79	80	9

7.2.5 河道外生态环境

河道外生态环境需水量是指保护、修复或建设某区域的生态环境需要人工补充的绿化、环境卫生需水量和为维持一定水面湖泊、沼泽、湿地的补水量。根据《淮河区综合规划》分析，淮河区河道外生态需水 2015 年、2020 年和 2030 年分别为 6.4 亿 m^3、7.6 亿 m^3 和 9.3 亿 m^3，见表 7-9。

表 7-9　淮河区河道外生态环境用水量设定　　　（单位：亿 m^3）

分区	2015 年	2020 年	2030 年
河南	1.0	1.3	1.9
安徽	1.4	1.6	1.9
江苏	3.0	3.4	3.9
山东	1.1	1.3	1.6
湖北	0.0	0	0
淮河区合计	6.4	7.6	9.3

7.2.6 河道内生态环境

根据《淮河区水资源综合规划》分析，淮河区各节点最小生态需水量为天然径流量的 10%～20%。淮河区河湖最小生态总需水量为 120 亿 m^3，占天然径流量的 17.8%。淮河水系最小生态总需水量 97.8 亿 m^3，占天然径流量的 21.6%；沂沭泗水系和山东半岛最小生态总需水量都占天然径流量的 10%，分别为 14.3 亿 m^3 和 8.2 亿 m^3。淮河区河道内生态需水量计算结果见表 7-10。

表 7-10 淮河区河道内生态需水量

河流、水系	节点	天然径流/(亿 m³/a)	生态基流/(万 m³/月)	生态环境下泄水量 水量/(亿 m³/a)	生态环境下泄水量 占天然径流比例/%
淮河	息县	42.9	2 145	6.86	16
	王家坝	101.8	4 243	16.29	16
	蚌埠	304.9	12 705	45.74	15
	中渡	367.1	18 355	55.06	15
洪河	班台	27.6	689	4.13	15
史河	蒋家集	31.6	2 631	5.68	18
淠河	横排头	33.9	2 826	6.78	20
池河	明光	8.6	214	1.20	14
颍河	周口	38.0	1 585	4.56	12
	阜阳	52.3	1 307	6.27	12
涡河	蒙城	13.2	331	1.32	10
淮河水系	控制区	367.1	—	55.06	15
	引江	—	—	30	—
	其他	85.0	—	12.75	15
沂河	临沂	26.1	653	2.61	10
沭河	大官庄	11.7	291	1.17	10
沂沭泗水系	控制区	37.8	—	3.78	10
	其他	104.8	—	10.48	10
小清河	出口	11.46	287	1.14	10
大沽河	南村	4.68	117	0.47	10
潍河	峡山水库	6.86	157	0.69	10
山东半岛	控制区	23.0	—	2.30	10
	其他	59.2	—	5.92	10
淮河流域	—	594.7	—	112.1	18.8
淮河区	—	676.9	—	120.3	17.8

7.2.7 当地水资源条件

淮河区 1956~2000 年多年平均水资源总量 911 亿 m³，其中地表水资源量为 677 亿 m³，占水资源总量的 74%，地下水资源量扣除与地表水资源量的重复水量为 234 亿 m³，占水资源总量的 26%。淮河区水资源总量 794 亿 m³，山东半岛 117 亿 m³（表 7-11）。

表 7-11 淮河区水资源总量

分区		降水量/亿 m³	地表水资源量/亿 m³	浅层地下水资源量/亿 m³	浅层地下水不重复/亿 m³	水资源总量/亿 m³	不同频率水资源总量/亿 m³ 20%	50%	75%	95%	产水系数
二级区	淮河上游	309	103	44.7	18.3	121	167	111	77	41.4	0.39
	淮河中游	1112	267	168	104	371	486	351	263	165	0.33
	淮河下游	310	82.4	25.8	9.3	91.8	134	84.9	52.3	15.4	0.3
	沂沭泗水系	622	143	99.9	68.2	211	277	200	150	93.7	0.34
	山东半岛	414	82.1	58.9	34.9	117	158	109	78.6	45.8	0.28
淮河区	湖北省	15.8	5.5	1.1	0	5.5	7.76	4.96	3.28	1.63	0.35
	河南省	728	178	117	67.8	246	325	232	172	105	0.34
	安徽省	628	176	89.4	50.4	226	295	215	162	103	0.36
	江苏省	600	151	69.4	42.2	193	274	173	113	54.8	0.32
	山东省	381	84.7	61.2	39.1	124	167	116	83.1	48.4	0.32
	小计	2353	595	338	199	794	1042	752	564	353	0.34
淮河区		2767	677	397	234	911	1176	870	667	436	0.33

结合水源条件和用户状况，设定 2020 年增加污水处理回用、雨水集蓄、微咸水等其他水源供水 20.9 亿 m³，2030 年达到 24.0 亿 m³。

7.2.8 跨流域调水

基准年淮河区多年平均跨流域调入水量为 97.7 亿 m³（不含里下河冲淤保港引江水量 30 亿 m³），淮南山丘区花山水库及淠史杭灌区调出水量为 1.6 亿 m³。调入淮河区水量水源地主要为长江流域，其次为黄河流域，淮河区调出水量进入长江流域。

2015 年，规划实施南水北调东线工程一期、南水北调中线工程一期、引江济淮工程一期，淮河区多年平均跨流域调入水量为 156.4 亿 m³，调出淮河区水量为 1.6 亿 m³。

2020 年，规划实施南水北调东线工程二期，淮河区多年平均跨流域调入水量为 156.4 亿 m³，调出淮河区水量为 1.6 亿 m³。（根据规划，东线二期对淮河区无增加供水量，淮河区 2015 年与 2020 年跨流域调水量相同）

2030 年，规划实施南水北调东线工程三期、南水北调中线工程二期、引江济淮工程二期，淮河区多年平均跨流域调入水量为 187.8 亿 m³，调出淮河区水量为 1.6 亿 m³。

淮河区跨流域调水量配置见表 7-12。

表 7-12　淮河区跨流域调水量配置　　　　　　　　　　　　　　（单位：亿 m³）

分区		基准年				2015 年				2020 年				2030 年			
		引江	引黄	合计	调出	引江	引黄	合计	调出	引江	引黄	合计	调出	引江	引黄	合计	调出
二级区	淮河上游	—	—	—	0.8	—	—	—	0.8	—	—	—	0.8	—	—	—	0.8
	淮河中游	—	11.5	11.5	0.8	26.4	11.9	38.3	0.8	26.4	11.9	38.3	0.8	42.5	12.6	55.1	0.8
	淮河下游	44.1	—	44.1	—	57.5	—	57.5	—	57.5	—	57.5	—	56.5	—	56.5	—
	沂沭泗河	15.5	15.5	31		26.3	12.5	38.8		26.3	12.5	38.8		36.2	11.7	48	
	山东半岛	—	11.1	11.1		9.5	12.3	21.8		9.5	12.3	21.8		13	15.1	28.2	
淮河区	湖北	—	—	—	0.8	—	—	—	0.8	—	—	—	0.8	—	—	—	0.8
	河南	—	13.2	13.2		12.3	13.2	25.5		12.3	13.2	25.5		21.4	13.9	35.2	
	安徽	—	—	—	0.8	7.3	—	7.3	0.8	7.3	—	7.3	0.8	12.8	—	12.8	0.8
	江苏	59.6	—	59.6		88.4	—	88.4		88.4	—	88.4		90.9	—	90.9	
	山东	—	13.8	13.8		2.1	11.2	13.3		2.1	11.2	13.3		10.3	10.4	20.7	
	小计	59.6	27	86.6	1.6	110.2	24.4	134.6	1.6	110.2	24.4	134.6	1.6	135.3	24.3	159.6	1.6
淮河区		59.6	38.1	97.7	1.6	119.6	36.7	156.4	1.6	119.6	36.7	156.4	1.6	148.4	39.4	187.8	1.6

7.3　情景设计

根据上述边界条件及整体模型在淮河区的应用，重点分析了未来淮河区水资源配置的情景以及南水北调工程对淮河区的作用和影响，设置了以下四种情景方案。

基准情景：无调水工程情景。设定无调水工程实施，分析现状供水能力和预测需水水平下流域的缺水量和地下水超采量，把握流域水资源配置中存在的问题，作为其他情景比较的基础。

2015 推荐情景：东线一期+中线一期。东线一期工程和中线一期已实施，在 2015 年之前实现通水。本方案可以用来分析比较这两个工程通水后，黄淮海流域的水资源供需情况、海河流域地下水超采情况，以及流域间的水资源配置方案。

2020 推荐情景：东线一期+东线二期+中线一期。东线二期主要向河北和天津供水，设定为 2020 年之前通水，对比一期情景，用来分析比较东线二期工程队海河流域水资源供需平衡以及地下水超采的影响。

2030 推荐情景：东线一、二、三期+中线一、二期：东线三期和中线二期设定为 2030 年通水，本方案用来分析在所有南水北调工程按照现有计划实施通水后，淮河区的水资源供需平衡情况、生态环境恢复与维持情况以及流域间的水资源配置情况。

第8章 淮河区水资源配置情景分析

本章采用整体模型对设定的情景方案进行了分析，得到了淮河区在各种情景下的水资源供需平衡情景。各配置方案对应的经济发展速度、用水定额以及需水量，见第7章。

8.1 基准情景分析

基准情景设定为无调水工程情景，用来分析现状供水能力和预测需水水平下流域的缺水量和地下水超采量，把握流域水资源配置中存在的问题，作为其他情景比较的对比基准。

在此情景下，随着淮河区社会经济的进一步发展，河道外需水量逐年增多，增量主要集中在城市用水和工业用水。而淮河区的供水能力却不能得到大幅提高，即便是保持目前大量超采地下水的措施，淮河区水资源紧缺程度也会日益增加。区内的水资源需求及供给情况见表 8-1。总体来看，淮河区现状年供需缺口为 66.80 亿 m³，2015 年缺口扩大到 89.90 亿 m³，2020 年缺口扩大到 89.70 亿 m³，2030 年缺口为 106.30 亿 m³。在基准情景下，淮河区缺水量变化情况如图 8-1 所示。

表 8-1 基准情景淮河区供需分析汇总

分区	年份	总需水量/亿 m³	可供水量/亿 m³					缺水量/亿 m³	缺水率/%
			地表水	地下水	引黄	引江	其他	合计		
安徽	基准年	138.80	102.80	23.10	0.00	0.00	0.00	125.90	12.90	9.29
	2015	143.45	100.20	22.75	0.00	0.00	1.50	124.45	19.00	13.25
	2020	142.50	100.40	23.00	0.00	0.00	3.40	126.80	15.70	11.02
	2030	143.10	101.80	23.50	0.00	0.00	3.50	128.80	14.30	9.99
河南	基准年	135.10	49.80	55.50	13.20	0.00	0.00	118.50	16.60	12.29
	2015	152.30	67.55	54.00	13.20	0.00	0.00	134.75	17.55	11.52
	2020	157.60	67.60	53.50	13.20	0.00	3.60	137.90	19.70	12.50
	2030	168.20	67.70	59.30	13.20	0.00	3.90	144.10	24.10	14.33
江苏	基准年	234.80	151.20	8.90	0.00	59.60	0.00	219.70	15.10	6.43
	2015	232.75	137.70	4.00	0.00	59.60	4.05	205.35	27.40	11.77
	2020	234.30	137.70	3.10	0.00	59.60	2.70	203.10	31.20	13.32
	2030	237.40	137.70	1.30	0.00	59.60	0.00	198.60	38.80	16.34

续表

分区	年份	总需水量/亿 m³	可供水量/亿 m³					缺水量/亿 m³	缺水率/%
			地表水	地下水	引黄	引江	其他	合计		
湖北	基准年	1.20	1.10	0.00	0.00	0.00	0.00	1.10	0.10	8.33
	2015	1.40	1.30	0.00	0.00	0.00	0.00	1.30	0.10	7.14
	2020	1.50	1.40	0.00	0.00	0.00	0.00	1.40	0.10	6.67
	2030	1.60	1.50	0.00	0.00	0.00	0.00	1.50	0.10	6.25
山东	基准年	195.10	75.30	72.40	24.90	0.00	0.40	173.00	22.10	11.33
	2015	201.20	75.00	71.25	24.90	0.00	4.20	175.35	25.85	12.85
	2020	204.60	76.40	69.00	24.90	0.00	11.30	181.60	23.00	11.24
	2030	211.40	76.40	64.50	24.90	0.00	16.60	182.40	29.00	13.72
淮河区	基准年	705.00	380.20	159.90	38.10	59.60	0.40	638.20	66.80	9.48
	2015	731.10	381.75	152.00	38.10	59.60	9.75	641.20	89.90	12.30
	2020	740.50	383.50	148.60	38.10	59.60	21.00	650.80	89.70	12.11
	2030	761.70	385.10	148.60	38.10	59.60	24.00	655.40	106.30	13.96

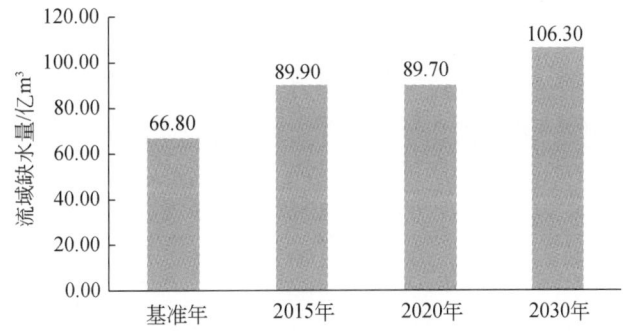

图 8-1 基准情景淮河区缺水量变化

如果是此情景方案,即在规划期中无任何调水工程,那么日渐扩大的供需缺口将会体现在严重挤占河道内生态用水量、社会经济需水得不到满足,给淮河区的可持续发展带来严重的后果。

8.2 2015 推荐情景分析

2015 年情景设定为实施东线一期和中线一期,在 2015 年之前实现通水。本方案可以用来分析比较这两个工程通水后,黄淮海流域的水资源供需情况、海河流域地下水超采情况,以及流域间的水资源配置方案,为 2015 年推荐方案。

此情景方案中,增加了 2015 水平年的东线一期和中线一期调水工程。东线一期工程主要向海河流域鲁北地区供水 4.80 亿 m^3，中线一期工程分配给海河流域分水口门水量 62.40 亿 m^3；规划实施东线工程一期、中线工程一期、引江济淮工程一期，淮河区多年平均跨流域调入水量为 156.40 亿 m^3，相比于现状年的 97.70 亿 m^3，新增供水 59.70 亿 m^3。各流域的水资源需求及供给情况如表 8-2 所示。其中淮河区 2015 年供需缺口为 35.35 亿 m^3，2020 年缺口为 31.10 亿 m^3，2030 年缺口为 43.70 亿 m^3。在 2015 年推荐情景条件下，淮河区缺水量变化如图 8-2 所示。

表 8-2　2015 年推荐情景淮河区供需分析汇总

分区	年份	总需水量/亿 m^3	可供水量/亿 m^3 地表水	地下水	引黄	引江	其他	合计	缺水量/亿 m^3	缺水率/%
安徽	基准年	138.80	102.80	23.10	0.00	0.00	0.00	125.90	12.90	9.29
	2015	143.45	100.20	22.75	0.00	7.30	1.50	131.75	11.70	8.16
	2020	142.50	100.40	23.00	0.00	7.30	3.40	134.10	8.40	5.89
	2030	143.10	101.80	23.50	0.00	7.30	3.50	136.10	7.00	4.89
河南	基准年	135.10	49.80	55.50	13.20	0.00	0.00	118.50	16.60	12.29
	2015	152.30	67.55	54.00	13.20	12.30	0.00	147.05	5.25	3.45
	2020	157.60	67.60	53.50	13.20	12.30	3.60	150.20	7.40	4.70
	2030	168.20	67.70	59.30	13.20	12.30	3.90	156.40	11.80	7.02
江苏	基准年	234.80	151.20	8.90	0.00	59.60	0.00	219.70	15.10	6.43
	2015	232.75	137.70	4.00	0.00	88.40	0.00	230.10	2.65	1.14
	2020	234.30	137.70	3.10	0.00	88.40	2.70	231.90	2.40	1.02
	2030	237.40	137.70	1.30	0.00	88.40	4.00	231.40	6.00	2.53
湖北	基准年	1.20	1.10	0.00	0.00	0.00	0.00	1.10	0.10	8.33
	2015	1.40	1.30	0.00	0.00	0.00	0.00	1.30	0.10	7.14
	2020	1.50	1.40	0.00	0.00	0.00	0.00	1.40	0.10	6.67
	2030	1.60	1.50	0.00	0.00	0.00	0.00	1.50	0.10	6.25
山东	基准年	195.10	75.30	72.40	24.90	0.00	0.40	173.00	22.10	11.33
	2015	201.20	75.00	71.25	23.50	11.60	4.20	185.55	15.65	7.78
	2020	204.60	76.40	69.00	23.50	11.60	11.30	191.80	12.80	6.26
	2030	211.40	76.40	64.50	23.50	11.60	16.60	192.60	18.80	8.89
淮河区	基准年	705.00	380.20	159.90	38.10	59.60	0.40	638.20	66.80	9.48
	2015	731.10	381.75	152.00	36.70	119.60	5.70	695.75	35.35	4.84
	2020	740.50	383.50	148.60	36.70	119.60	21.00	709.40	31.10	4.20
	2030	761.70	385.10	148.60	36.70	119.60	28.00	718.00	43.70	5.74

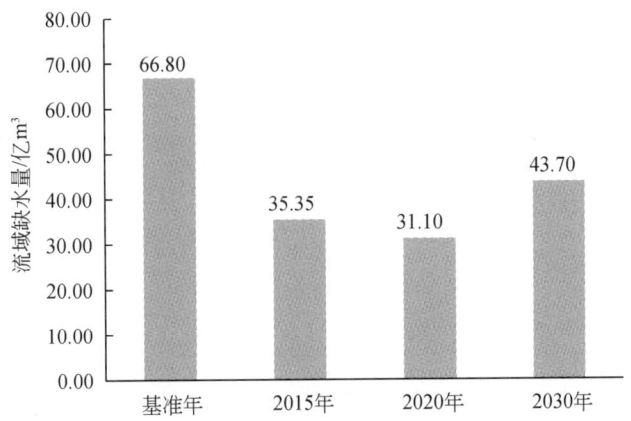

图 8-2　2015 年推荐情景淮河区缺水量变化

在东线一期和中线一期通水后,对于缓解 2015 年及之后淮河区的缺水压力,具有非常显著的效果。

8.3　2020 推荐情景分析

2020 推荐情景设定为南水北调东线一期、东线二期和中线一期通水。东线二期主要向河北和天津供水,2020 年通水,用来分析比较东线二期工程的影响,为 2020 年推荐方案。在 2020 推荐情景条件下,淮河区缺水量变化和供需关系如图 8-3、表 8-3 所示。

由于南水北调东线二期主要对河北和天津供水,对淮河区水资源配置基本没有影响。

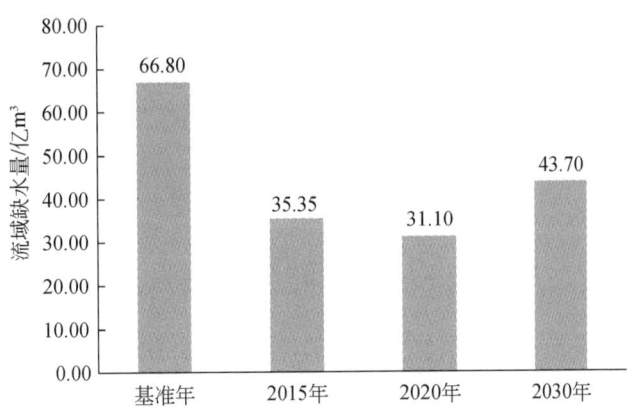

图 8-3　2020 年推荐情景淮河区缺水量变化

| 143 |

表 8-3 2020 推荐情景淮河区供需分析汇总

分区	年份	总需水量/亿 m³	可供水量/亿 m³					缺水量/亿 m³	缺水率/%
			地表水	地下水	引黄	引江	其他	合计		
安徽	基准年	138.80	102.80	23.10	0.00	0.00	0.00	125.90	12.90	9.29
	2015	143.45	100.20	22.75	0.00	7.30	1.50	131.75	11.70	8.16
	2020	142.50	100.40	23.00	0.00	7.30	3.40	134.10	8.40	5.89
	2030	143.10	101.80	23.50	0.00	7.30	3.50	136.10	7.00	4.89
河南	基准年	135.10	49.80	55.50	13.20	0.00	0.00	118.50	16.60	12.29
	2015	152.30	67.55	54.00	13.20	12.30	0.00	147.05	5.25	3.45
	2020	157.60	67.60	53.50	13.20	12.30	3.60	150.20	7.40	4.70
	2030	168.20	67.70	59.30	13.20	12.30	3.90	156.40	11.80	7.02
江苏	基准年	234.80	151.20	8.90	0.00	59.60	0.00	219.70	15.10	6.43
	2015	232.75	137.70	4.00	0.00	88.40	0.00	230.10	2.65	1.14
	2020	234.30	137.70	3.10	0.00	88.40	2.70	231.90	2.40	1.02
	2030	237.40	137.70	1.30	0.00	88.40	4.00	231.40	6.00	2.53
湖北	基准年	1.20	1.10	0.00	0.00	0.00	0.00	1.10	0.10	8.33
	2015	1.40	1.30	0.00	0.00	0.00	0.00	1.30	0.10	7.14
	2020	1.50	1.40	0.00	0.00	0.00	0.00	1.40	0.10	6.67
	2030	1.60	1.50	0.00	0.00	0.00	0.00	1.50	0.10	6.25
山东	基准年	195.10	75.30	72.40	24.90	0.00	0.40	173.00	22.10	11.33
	2015	201.20	75.00	71.25	23.50	11.60	4.20	185.55	15.65	7.78
	2020	204.60	76.40	69.00	23.50	11.60	11.30	191.80	12.80	6.26
	2030	211.40	76.40	64.50	23.50	11.60	16.60	192.60	18.80	8.89
淮河区	基准年	705.00	380.20	159.90	38.10	59.60	0.40	638.20	66.80	9.48
	2015	731.10	381.75	152.00	36.70	119.60	5.70	695.30	35.35	4.84
	2020	740.50	383.50	148.60	36.70	119.60	21.00	709.40	31.10	4.20
	2030	761.70	385.10	148.60	36.70	119.60	28.00	718.00	43.70	5.74

8.4 2030 推荐情景分析

2030 推荐情景设定为东线一、二、三期和中线一、二期全部通水,其中东线三期和中线二期设定为 2030 年通水,本方案用来分析在所有南水北调工程按照现有计划实施通水后,淮河区的水资源供需平衡情况、生态环境恢复与维持情况以及流域间的水资源配置情况,为 2030 年推荐方案。

此方案是在 2020 年推荐情景的基础上,将东线三期和中线二期调水量一并在 2030 年生效。中线二期是在中线一期的基础上,加大了对海河流域分配的水量,由 2020 年之前的增加为86.2亿 m^3；东线三期在东线二期基础上，淮河区的调入水量也增加至187.8亿 m^3。在2030推荐情景条件下，淮河区缺水量变化和供需关系如图8-4、表8-4所示。

由配置结果可以看出，在2030水平年所有规划调水工程实施后，淮河区的水资源供需情势得到了很大程度的缓解，但多年平均条件下依然存在一定程度的缺水，仍需要从供给和需求两个方面，改善水资源供需形势。

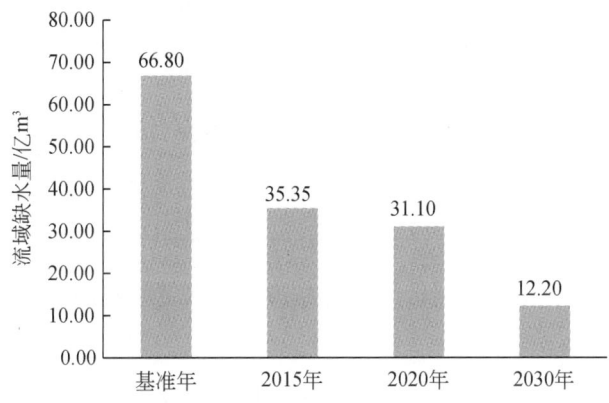

图8-4　2030推荐情景淮河区缺水量变化

表8-4　2030推荐情景淮河区供需分析汇总

分区	年份	总需水量/亿 m^3	可供水量/亿 m^3						缺水量/亿 m^3	缺水率/%
			地表水	地下水	引黄	引江	其他	合计		
安徽	基准年	138.80	102.80	23.10	0.00	0.00	0.00	125.90	12.90	9.29
	2015	143.45	100.20	22.75	0.00	7.30	1.50	131.75	11.70	8.16
	2020	142.50	100.40	23.00	0.00	7.30	3.40	134.10	8.40	5.89
	2030	143.10	101.80	23.50	0.00	12.80	3.50	141.60	1.50	1.05
河南	基准年	135.10	49.80	55.50	13.20	0.00	0.00	118.50	16.60	12.29
	2015	152.30	67.55	54.00	13.20	12.30	0.00	147.05	5.25	3.45
	2020	157.60	67.60	53.50	13.20	12.30	3.60	150.20	7.40	4.70
	2030	168.20	67.70	59.30	13.90	21.40	3.90	166.20	2.00	1.19
江苏	基准年	234.80	151.20	8.90	0.00	59.60	0.00	219.70	15.10	6.43
	2015	232.75	137.70	4.00	0.00	88.40	0.00	230.10	2.65	1.14
	2020	234.30	137.70	3.10	0.00	88.40	2.70	231.90	2.40	1.02
	2030	237.40	137.70	1.30	0.00	90.90	4.00	233.90	3.50	1.47
湖北	基准年	1.20	1.10	0.00	0.00	0.00	0.00	1.10	0.10	8.33
	2015	1.40	1.30	0.00	0.00	0.00	0.00	1.30	0.10	7.14
	2020	1.50	1.40	0.00	0.00	0.00	0.00	1.40	0.10	6.67
	2030	1.60	1.50	0.00	0.00	0.00	0.00	1.50	0.10	6.25

续表

分区	年份	总需水量/亿 m³	可供水量/亿 m³					缺水量/亿 m³	缺水率/%
			地表水	地下水	引黄	引江	其他	合计		
山东	基准年	195.10	75.30	72.40	24.90	0.00	0.40	173.00	22.10	11.33
	2015	201.20	75.00	71.25	23.50	11.60	4.20	185.55	15.65	7.78
	2020	204.60	76.40	69.00	23.50	11.60	11.30	191.80	12.80	6.26
	2030	211.40	76.40	64.50	25.50	23.30	16.60	206.30	5.10	2.41
淮河区	基准年	705.00	380.20	159.90	38.10	59.60	0.40	638.20	66.80	9.48
	2015	731.10	381.75	152.00	36.70	119.60	5.70	695.75	35.35	4.84
	2020	740.50	383.50	148.60	36.70	119.60	21.00	709.40	31.10	4.20
	2030	761.70	385.10	148.60	39.40	148.40	28.00	749.50	12.20	1.60

上述各推荐方案条件下，淮河区的社会经济、用水定额和用水需求状况见表 8-5、表 8-6 和表 8-7。

表 8-5　推荐方案淮河区社会经济发展汇总

分区	年份	人口发展与城市化			经济发展/亿元				有效灌溉面积/万亩	林牧渔面积/万亩
		总人口/万人	城镇人口/万人	城镇化率/%	GDP	一产	二产	三产		
安徽	基准年	3 644.8	1 284.9	35	3 441	731	1 677	1 034	3 032.3	2 34.7
	2015	3 738.0	1 531.6	41	5 029	899	2 367	1 763	3 092.3	234.7
	2020	3 831.2	1 778.2	46	6 617	1 067	3 057	2 493	3 152.3	234.7
	2030	3 987.3	2 199.1	55	11 893	1 474	5 126	5 293	3 152.3	234.7
河南	基准年	5 915.3	2 115.8	36	6 610	1 214	3 146	2 250	4 636.0	162.3
	2015	6 102.7	2 502.5	41	10 580	1 576	5 119	3 885	4 795.8	179.1
	2020	6 290.1	2 889.2	46	14 549	1 937	7 092	5 520	4 955.7	189.9
	2030	6 598.6	3 650.1	55	27 418	3 011	13 027	11 379	5 042.1	211.6
江苏	基准年	4 318.3	1 775.8	41	6 283	1 007	2 947	2 328	3 722.7	2 74.8
	2015	4 517.9	2 152.6	48	8 988	1 319	4 121	3 548	3 701.4	278.1
	2020	4 717.4	2 529.5	54	11 694	1 630	5 296	4 768	3 679.4	279.0
	2030	4 986.0	3 033.2	61	20 528	2 457	8 799	9 272	3 637.0	280.7
湖北	基准年	25.6	5.5	21	19	3	11	5	16.5	1.1
	2015	26.4	6.1	23	28	4	16	8	17.2	1.1
	2020	27.2	6.8	25	36	4	21	11	18.0	1.1
	2030	28.7	8.3	29	67	6	37	23	18.0	1.1

续表

分区	年份	人口发展与城市化			经济发展/亿元				有效灌溉面积/万亩	林牧渔面积/万亩
		总人口/万人	城镇人口/万人	城镇化率/%	GDP	一产	二产	三产		
山东	基准年	7 133.8	3 670.5	51	16 884	1 542	8 758	6 584	4 992.3	599.1
	2015	7 270.3	4 108.5	57	26 069	1 912	12 977	11 180	5 030.3	615.1
	2020	7 406.7	4 546.5	61	35 254	2 282	17 196	15 776	5 068.2	631.2
	2030	7 406.7	5 184.8	70	67 073	3 067	31 077	32 929	5 142.3	663.3
淮河区	基准年	21 037.9	8 852.5	42	33 237	4 497	16 539	12 201	16 399.9	1 272.0
	2015	21 655.2	10 301.3	48	50 694	5 709	24 600	20 385	16 636.8	1 308.1
	2020	22 272.6	11 750.6	53	68 151	6 922	32 661	28 568	16 873.7	1 335.9
	2030	23 007.2	14 075.6	61	126 978	10 015	58 067	58 896	16 991.7	1 391.4

表8-6 推荐方案淮河区用水定额汇总

分区	年份	城镇生活人均用水/[L/(人·d)]	万元工业增加值用水/(m³/万元)	三产万元GDP用水/(m³/万元)	城镇环境/亿m³	农村生活人均用水/[L/(人·d)]	亩均用水/(m³/亩)	林牧渔定额/(m³/亩)	农村环境/(m³/亩)
安徽	基准年	80.3	98.6	98.3	0.80	87.5	316.2	158.1	0.40
	2015	119.8	68.5	60.0	0.97	120.5	307.8	153.9	0.48
	2020	153.0	57.1	37.5	1.07	109.0	293.6	146.8	0.53
	2030	173.8	37.4	19.1	1.27	115.7	276.5	138.2	0.63
河南	基准年	89.7	40.9	30.4	0.40	71.9	207.5	103.8	0.20
	2015	147.5	36.3	14.7	0.67	88.1	208.7	104.3	0.33
	2020	152.4	29.3	8.9	0.87	93.6	203.7	101.9	0.43
	2030	160.4	18.7	3.7	1.27	108.1	203.6	101.9	0.63
江苏	基准年	131.3	59.2	41.1	1.67	95.8	486.8	243.4	0.83
	2015	154.7	51.0	29.8	2.10	145.3	451.3	225.6	1.05
	2020	172.9	44.0	20.8	2.27	140.7	446.5	223.3	1.13
	2030	189.6	29.2	11.5	2.60	157.2	436.6	218.3	1.30
湖北	基准年	150.6	118.4	134.4	0.00	95.3	528.1	264.1	0.00
	2015	134.6	118.6	137.5	0.00	94.6	562.0	281.0	0.00
	2020	121.6	118.7	138.9	0.00	93.9	540.1	270.0	0.00
	2030	98.5	79.2	87.5	0.00	94.0	540.0	270.0	0.00

续表

分区	年份	城镇生活人均用水/[L/(人·d)]	万元工业增加值用水/(m³/万元)	三产万元GDP用水/(m³/万元)	城镇环境/亿m³	农村生活人均用水/[L/(人·d)]	亩均用水/(m³/亩)	林牧渔定额/(m³/亩)	农村环境/(m³/亩)
山东	基准年	85.2	26.6	14.7	0.53	84.5	263.0	131.5	0.27
	2015	131.5	22.1	7.6	0.77	120.7	242.0	121.0	0.38
	2020	154.0	18.5	4.4	0.87	118.2	235.3	117.7	0.43
	2030	182.4	11.5	1.8	1.07	146.5	222.3	111.2	0.53
淮河区	基准年	89.7	59.2	41.1	3.40	87.5	316.2	158.1	1.70
	2015	147.5	51.0	29.8	4.50	120.5	307.8	153.9	2.25
	2020	152.4	44.0	20.8	5.07	109.0	293.6	146.8	2.53
	2030	160.4	29.2	11.5	6.20	115.7	276.5	138.2	3.10

表 8-7 淮河区需水量汇总 （单位：亿 m³）

分区	年份	城镇需水量 生活	生产	环境	小计	农村需水量 生活	生产	环境	小计	总计
安徽	基准年	3.77	26.70	0.80	31.27	7.53	99.60	0.40	107.53	138.80
	2015	6.70	26.80	0.97	34.46	9.70	98.80	0.48	108.99	143.45
	2020	9.93	26.80	1.07	37.80	8.17	96.00	0.53	104.70	142.50
	2030	13.95	29.30	1.27	44.52	7.55	90.40	0.63	98.58	143.10
河南	基准年	6.92	19.70	0.40	27.02	9.98	97.90	0.20	108.08	135.10
	2015	13.47	24.30	0.67	38.44	11.58	101.95	0.33	113.86	152.30
	2020	16.08	25.70	0.87	42.64	11.62	102.92	0.43	114.96	157.60
	2030	21.37	28.50	1.27	51.13	11.63	104.80	0.63	117.07	168.20
江苏	基准年	8.51	27.00	1.67	37.18	8.89	187.90	0.83	197.62	234.80
	2015	12.15	31.60	2.10	45.85	12.55	173.30	1.05	186.90	232.75
	2020	15.97	33.20	2.27	51.43	11.23	170.50	1.13	182.87	234.30
	2030	20.99	36.40	2.60	59.99	11.21	164.90	1.30	177.41	237.40
湖北	基准年	0.03	0.20	0.00	0.23	0.07	0.90	0.00	0.97	1.20
	2015	0.03	0.30	0.00	0.33	0.07	1.00	0.00	1.07	1.40
	2020	0.03	0.40	0.00	0.43	0.07	1.00	0.00	1.07	1.50
	2030	0.03	0.50	0.00	0.53	0.07	1.00	0.00	1.07	1.60

续表

分区	年份	城镇需水量				农村需水量				总计
		生活	生产	环境	小计	生活	生产	环境	小计	
山东	基准年	11.42	33.00	0.53	44.95	10.68	139.20	0.27	150.15	195.10
	2015	19.72	37.20	0.77	57.68	13.93	129.20	0.38	143.52	201.20
	2020	25.56	38.70	0.87	65.13	12.34	126.70	0.43	139.47	204.60
	2030	34.52	41.70	1.07	77.29	11.88	121.70	0.53	134.11	211.40
淮河区	基准年	30.65	106.60	3.40	140.65	37.15	525.50	1.70	564.35	705.00
	2015	52.06	120.20	4.50	176.76	47.84	504.25	2.25	554.34	731.10
	2020	67.56	124.80	5.07	197.43	43.44	497.10	2.53	543.07	740.50
	2030	90.86	136.40	6.20	233.46	42.34	482.80	3.10	528.24	761.70

8.5 淮河区案例研究小结

8.5.1 淮河区水资源形势总体不容乐观

在无任何调水工程的条件下，淮河区即使在节水等条件下，规划期间内每年的缺水量达到 80 亿 m³ 以上，到 2030 年将达到 100 亿 m³ 以上。日渐扩大的供需缺口将会严重挤占河道内生态用水量，同时社会经济需水得不到满足，给流域的可持续发展带来严重的影响。

8.5.2 调水工程对缓解淮河区水资源短期至关重要

在实施南水北调工程（东线一期、二期和中线一、二、三期）以后，淮河区的水资源紧缺问题将会得到很大程度上的缓解，规划期内的缺水量将降低到 40 亿 m³ 以下，到 2030 年只有接近 10 亿 m³，对淮河区的社会经济发展和生态环境维持起到了巨大的支撑作用。

8.5.3 淮河区的缺水风险依然不容忽视

在 2030 水平年所有规划调水工程实施后，淮河区的水资源供需情势得到了很大程度的缓解，但多年平均条件下依然存在一定程度的缺水，而在 75% 和 90% 干旱年时，缺水量将进一步加大。因此，在调水工程实施后，仍需要从供给和需求两个方面，改善水资源供需形势，防范水资源短缺风险。

8.5.4　淮河区的生态环境用水需要保障

淮河区是我国缺水、水污染、水生态退化和地下水超采等水资源问题最突出的地区，水资源供需预测和平衡结果分析表明，未来一个时期黄淮海流域缺水形势更加严峻，必须切实强化水资源的配置、节约和保护，着力实施最严格的水资源管理，努力将南水北调受水区建设成为实行最严格的水资源管理制度的"特区"和示范区。

必须在淮河区实施基本生态用水保障制度，以维持其基本生态用水需求。一是经济社会用水总量的严格控制，包括地表水和地下水总量控制；二是重点河湖湿地生态用水水源的建设，重点是再生水补给河湖湿地的水源和输水工程建设；三是重点生态系统的监测与评价体系的建设；四是特殊情况下重点生态应急补水机制的建设。

8.5.5　积极推进南水北调东中线二期工程

本章研究结果表明，由于淮河区的缺水形势严峻，在南水北调东、中线一期通水后，无论是东线二期工程扩大范围，还是现有的一期工程受水区范围，仍然有较大的供需缺口。对于一期工程已覆盖的地区，一期引江水量对于区域缺水形势有较好的缓解作用，但从长远看来仍有一定的缺口，特别是东线范围的山东半岛地区。建议一方面积极推进区域的节水型社会建设进程，提高水资源利用效率和效益，并充分利用好一期工程引江水量；另一方面做好二期工程的前期工作，根据需求适时建设二期工程。

第 9 章　总结与展望

9.1　成 果 总 结

本书重点介绍了面向人类-自然耦合的水资源配置整体模型方法，并介绍了该模型在黄河、海河和淮河的流域水资源配置及其相关问题的应用，主要成果总结如下。

9.1.1　面向人类-自然耦合的水资源系统分析理论与方法

水资源系统是典型的人类-自然耦合系统，在这样的系统中人类子系统和自然子系统有着复杂的交互作用，任何单学科的理论和方法都不能完整的描述系统的复杂性。本书立足于开放、复杂的大系统背景，理论体系既涉及宏观经济学、计量经济学、资源经济学、人口社会学等社会科学，又包含了水资源系统分析、水文学、水环境学、生态学等自然科学，并以流域系统可持续为核心，以动态模拟流域重要人类-自然交互过程为基础，提出的面向人类-自然耦合的水资源系统模拟理论框架。以此为基础，本书还建立了完整的方法体系，包括面向人类系统的人口增长模拟、投入产出分析，面向自然系统的水量调度、水生态环境评估，以及描述二者交互作用的水工程投资分析、水资源供需模拟，并采用整体模型技术、情景生成与方案评估技术、多目标分析与群决策技术实现了两个子系统的动态耦合，从而建立了基于新的方法论的流域水资源系统分析理论方法体系。

9.1.2　水资源配置整体模型

水资源配置整体模型是人类-自然耦合水资源系统分析理论体系中模型方法方面的新发展。在流域范围内，水资源可以作为自然系统的表征，而环境经济代表人类系统的可持续性目标，两者的动态耦合可以通过水资源-环境经济协调发展整体实现。本书在宏观经济投入产出分析的基础上，融入水资源和环境指标要素，应用于流域尺度的水资源分析，构建了黄河流域水资源-环境经济投入产出分析模型，从经济社会发展和生态环境可持续的全局衡量水资源的利用效率和配置模式，是一种具有全新视角的模型方法。

9.1.3　重大调水工程的经济影响综合评价技术

重点调水工程的环境经济综合评价，同样涉及人类社会和自然环境中的众多复杂问题，也是目前一个重要的国家需求和技术难题。基于本书提出的理论方法体系，可以建立一套完整的技术方法对重大调水工程的环境经济影响进行综合评估。以南水北调东线、中线和西线工程，以及引汉济渭等配套工程为背景，本书利用已建立的模型方法，采用多情景"有-无"对比分析方法，对"有-无"调水工程的宏观经济发展、水环境、水生态等进行多方案情景模拟比较分析，从而对这些外流域调水工程的不同实施方案促进黄河流域经济社会持续发展的促进作用进行了综合评价。这套技术方法同样可供类似流域的重点调水工程或其他工程措施进行环境经济影响综合评价时作参考。

9.1.4 大流域水量统一调度水资源-环境经济后评估技术

大流域水量调度效果的综合后评估，对于总结调度经验，改进调度效果意义重大，但由于其综合评估技术涉及众多跨领域的复杂问题，目前仍是研究空白。在前述理论体系和模型方法的基础上，本书提出了一套完整的大流域水量统一调度后评估技术，包括其环境经济后果和水资源后果。应用这套技术，对黄河流域五年统一调度效果（1998~2003年）和十年统一调度效果（1999~2008年）进行了实时模拟，通过对所设定的"无统一调度"情景进行重现模拟，和"有统一调度情景"实时模拟结果进行对比分析，定量评价了黄河流域水量统一调度宏观经济、水环境及水情效果，并进行了综合评价。该成果在2004年和2009年黄河流域水利委员会召开的黄河水量统一调度新闻发布会上向国内外公开发布。在理论体系的支撑和实践应用的检验下，本书提出的大流域水量统一调度水资源-环境经济后评估技术可以作为较为成熟的工具推广到其他流域，也可以作为其他类似管理效果后评估的参考工具。

9.2 未来展望

由于水资源系统、经济社会系统具有多元性、复杂性和不确定性，相互作用关系也是错综复杂，涉及范围和领域广泛，信息的缺失、作用关系的不稳定，以及限于人类认识水平的局限性，水资源系统模型的研究还需要进行大量的后续研究工作。基于作者对该问题的有限认识，提出以下几个发展方向作为对未来研究的展望。

9.2.1 经济学的理论方法将在水资源系统分析中扮演越来越重要的角色

水资源作为资源的一种，从一开始就具有自然资源的经济属性和经济学特征，符合一般自然资源的经济规律。但是，水资源因其自身的流动性、不确定性及服务目标的多重性，在经济社会活动中又表现出其独有的特点。经济学作为研究人类社会中稀缺资源分配的基础学科，在水资源系统分析领域将会得到越来越多的广泛应用。经济学在水资源研究中的应用未来将体现在以下几个方面：①在水资源优化配置方面，将流域社会经济发展对水资源的需求、水资源供给及其对社会经济的影响以及相关其他子系统等耦合分析，建立流域级的社会经济-水资源-生态环境动态分析模型，包括整体耦合模型和松散耦合模型等，为流域规划提供科学工具；②在水资源调度方面，将经济学的基本原理与水文不确定性耦合研究，分析不同调度目标的经济学特性及其优化准则，或者以经济收益最大化为目标建立优化调度模型，提出调度方案和调度规则，为水利工程的科学调度提供基础；③在水权水市场研究方面，采用经济学基本理论研究水权分配以及水市场运行的基本规律，结合水循环的自然特性分析水市场的特性，进而为水权水市场的管理提供理论基础和技术支撑；④经济激励手段（economic incentives）的设计，如阶梯水价、水污染税、城市雨洪利用等。

9.2.2 生态流量将成为水资源系统分析的重要目标之一

随着水资源及其他自然资源的过度开发与利用，对生态与环境造成的压力越来越大，人类发展与其他生态系统的矛盾越来越突出，由点到面，由局部到区域，引发了人们对可持续发展的大讨论，也成为水资源理论新的发展动因。而对生态流量问题的研究也有很长的历史，这一问题的研究将成为未来水资源系统分析不可或缺的目标之一。关于生态流量问题，国内外学者均明确提出了生态流量的基本概念及作用，但如何正确科学地引进生态流量定量计算方法以拓展生态流量基本理论体系及计算方法成为未来生态流量研究的主要方向。另外，生态理论如何在调度实践中得以实现是一个复杂的问题。对生态目标的定量化表述方法、生态目标与社会经济目标的相互关系定量化表述等缺少进一步的研究，基于数据挖掘技术的水库生态调度研究也有待进一步深入。而面向包括生态目标在内的水库多目标实时调度，将是未来的重要研究方向。

9.2.3 风险管理问题在水资源系统分析中不可忽视

风险的本质是系统中不确定性因素带来的不确定性损失。风险是水资源系统固有的特性，其主要根源是水文本身的不确定性，同时受到基础设施、经济系统和人类活动不确定性的影响。目前对水资源系统中风险管理的研究主要集中在水文风险、经济风险及两者的关系方面。在水库调度方向，风险已经越来越成为研究中的核心问题，考虑水文风险和经济风险的风险对冲调度（hedging rule）模型方法近些年来成为国际研究的热点和前沿。另外，关于水文预报及其不确定性对调度的应用，也是近年来的研究热点。其中，水文预报的不确定及其带来的调度风险分析，包括水文预报的有效预见期、水文预报不确定性随时间的演进规律、不同尺度水文预报的耦合使用及其风险等，是目前基于预报的水库调度中比较关键的技术问题。在水权水市场研究中，水文的丰枯变化往往会带来经济损失，如何采用制度设计和工程技术手段对这些风险进行有效控制，已经成为美国、澳大利亚、中国等水市场管理研究的热点。水权水市场体系中，一般采用的风险分配包括"丰增枯减"的平等分摊模式、"时先权先"的顺序分摊模式和"丰不增、枯不减"的风险缓冲模式。近年来，在澳大利亚等一些地区，甚至采用"库容分享"的用户风险自调节模式，即将水库库容分配给用水户，由终端用户直接根据其用水需求和经济效率调节水文风险。无论何种方式，减少水文风险对经济系统的直接冲击，进而减少经济损失，都是风险管理的核心问题。

9.2.4　水联网和智慧水利将带来水资源系统研究的新时代

水联网（internet of water）是在物联网（internet of goods）概念基础上提出的，是基于水资源供需与配送具有物流的典型特征而发展来的。"实时感知、水信互联、过程跟踪、智能处理"是水联网的技术标志，对应着水资源供需关系的动态性、关联性、预期性和不确定性特点。水联网的技术核心将涉及水文学、水动力学、气象学、信息学、水资源管理和行为科学等多个学科方向，是新一代水利信息化的集成发展方向。跨部门、跨地区、多个利益主体的水资源冲突与矛盾是水资源系统的基本特点，而建立实时、集成、动态、智能的水信互联系统，是水资源高效管理的必要支撑条件。当前信息技术发展正在经历第三次浪潮——云计算与物联网技术突飞猛进并被应用于水资源系统中。以"超大规模、高可靠性、按需服务、绿色节能"为技术特点的云计算云服务显示出其高效率、低成本的巨大优势，以"感知化、互联化、智能化"为技术特点的物联网直接推动了传统产业的升级。采用云计算技术和物联网思想建立"水联网"，可实现流域内自然与社会水循环（如大气水、河湖水、土壤水、地下水、植被水、工程蓄存水和调配供水等）的实时监测与动态预测，进而实现对水资源的智能识别、跟踪定位、模拟预测、优化分配和监控管理，为水资源系统的分析和管理提供了新的、多源的、大量的信息，从而将会改变传统的水资源系统分析和管理模式。在这一条件下，基于水联网的水资源系统分析方法和管理模式研究，将有可能成为一种全新的研究领域。

参 考 文 献

安新代，石春先，余欣，等．2002．水库调水调沙回顾与展望——兼论小浪底水库运用方式研究．泥沙研究，(5)：36-43．

蔡琳，薛惠锋，寇晓东．2007．基于 CAS 的城市空间演化多主体模型方法研究．计算机仿真，24（4）：145-148．

陈家琦，王浩，杨小柳．2002．水资源学．北京：科学出版社．

陈锡康，陈敏洁．1987．水资源投入产出模型及水价的计算问题．农业系统科学与综合研究，2：1-17．

甘肃省统计局．2001-2008．甘肃统计年鉴．北京：中国统计出版社．

高季章，王浩，甘泓，等．1999，黄河治理开发与南水北调工程．中国水利水电科学研究院学报，(1)：27-34．

郭家祯．2010．基于投入产出模型的多目标优化分析．镇江：江苏大学硕士学位论文．

郝立生，姚学祥．2009．气候变化与海河流域地表水资源量的关系．海河水利，(5)：1-4．

河北省统计局．2001-2008．河北统计年鉴．北京：中国统计出版社．

河南省统计局．2001-2008．河南统计年鉴．北京：中国统计出版社．

黄河勘测规划设计有限公司．2008．南水北调西线第一期工程项目建议书第一篇工程建设必要性及开发任务．

黄河勘测规划设计有限公司．2009．黄河水量统一调度效果评估报告．

黄河上中游管理局．2010．黄河流域水土保持"十二五"规划．

黄河水利科学研究院．2006．黄河输沙水量研究及西线一期工程调水量对黄河干流减淤作用分析．

黄金池，刘树坤．2000．黄河下游输沙用水量的研究．中国水利水电科学研究院学报，(1)：43-49．

江苏省统计局．2001-2008．江苏统计年鉴．北京：中国统计出版社．

李立刚．2005．黄河小浪底水库库区泥沙冲淤规律及减淤运用方式研究．河海大学硕士论文．

内蒙古自治区统计局．2001-2008．内蒙古统计年鉴．北京：中国统计出版社．

宁夏自治区统计局．2001-2008．宁夏统计年鉴．北京：中国统计出版社．

任宪韶．2007．海河流域水资源评价．北京：中国水利水电出版社．

山东省统计局．2001-2008．山东统计年鉴．北京：中国统计出版社．

陕西省统计局．2001-2008．陕西统计年鉴．北京：中国统计出版社．

水利部长江水利委员会．2001．南水北调中线工程规划．

水利部海河水利委员会．2010．海河流域综合规划．

水利部淮河水利委员会．2008．淮河区及山东半岛水资源综合规划．

水利部黄河水利委员会．2009．黄河流域水资源综合规划报告．

水利部水利水电规划设计总院、水利部南水北调规划设计管理局．2010．南水北调（东、中线）受水区地下水压采总体方案（报批稿）．

田贵良．2009．产业用水分析的水资源投入产出模型研究．经济问题，(7)：18-22．

王文生．2007．海河流域建设项目水资源论证能实践和探索．中国水利，(5)：17-18．

王西琴，张远．2008．中国七大河流水资源开发利用率阈值．自然资源学报，23（3）：500-506．

王忠静，赵建世，熊雁晖．2003．现代水资源规划若干问题及解决途径与技术方法（三）．海河水利，(3)：15-19．

魏胜文. 2011. 黑河流域基于投入产出模型的农业可持续发展模式研究. 兰州: 甘肃农业大学博士学位论文.

翁文斌, 王浩. 1995. 宏观经济水资源规划多目标决策分析方法研究及应用. 水利学报, (2): 1-11.

翁文斌, 王忠静, 赵建世. 2004. 现代水资源规划: 理论、方法和技术. 北京: 清华大学出版社.

许新宜, 王浩, 甘泓. 1997. 华北地区宏观经济水资源规划理论与方法. 郑州: 黄河水利出版社.

严军. 2003. 小浪底水库修建后黄河下游河道高效输沙水量研究. 北京: 中国水利水电科学研究院博士学位论文.

严军, 胡春宏. 2004. 黄河下游河道输沙水量的计算方法及应用. 泥沙研究, (8): 25-33.

严婷凤, 贾绍凤. 2009. 水资源投入产出模型综述. 水利经济, 27 (1): 8-13.

姚水萍. 2006. 富阳市投入产出模型和水资源优化配置模型. 杭州: 浙江大学硕士学位论文.

张郁, 邓伟. 2006. 基于投入产出模型的吉林省水资源经济效益分析. 东北师范大学学报 (自然科学版), 38 (3): 133-137.

赵建世, 王忠静, 翁文斌. 2004. 水资源系统整体模型研究. 中国科学E辑, 34 (增刊I): 60-73.

郑利民. 2008. 黄土高原水土保持与生态环境可持续维护. 中国水利水电市场, (4): 17-19.

中国人民共和国水利部. 2001. 南水北调东线工程规划 (修订).

中国人民共和国水利部. 2009. 中国水资源公报2008. 北京: 中国水利水电出版社.

朱梅, 吴敬学. 2010. 海河流域种植业非点源污染特征分析. 农业环境与发展, 27 (2): 52-58.

Arthur W B. 1999. Complexity and the economy. Science, 284 (5411): 107-109.

Babu S C, Nivas B T, Traxler G J. 1996. Irrigation development and environmental degradation in developing countries—a dynamic model of investment decisions and policy options. Water Resources Management, 10 (2): 129-146.

Barnett T P, Pierce D W, Hidalgo H G, et al. 2008. Human-induced changes in the hydrology of the Western United States. Science, 319 (5866): 1080.

Barreteau O. 1998. Un Système Multi-Agent pour explorer la viabilité des systèmes irrigués: dynamique des interactions et modes d'organisation. Centre de Montpellier: Ecole Nationale du Génie Rural, des Eaux et des Forêts.

Becker G. 1968. Crime and punishment: an economic approach. The Journal of Political Economy, 76: 169-217.

Berger T, Ringler C. 2002. Tradeoffs, efficiency gains and technical change-modeling water management and land use within a multiple-agent framework. Quarterly Journal of International Agriculture, 41 (1-2): 119-144.

Bithell M, James B. 2009. Coupling agent-based models of subsistence farming with individual-based forest models and dynamic models of water distribution. Environmental Modelling & Software, 24: 173-190.

Booker J F, Young R A. 1994. Modeling intrastate and interstate markets for Colorado River water resources. Journal of Environmental Economics and Management, 26 (1): 66-87.

Brekke L D, Kiang J E, Olsen J R, et al. 2009. Climate change and water resources management—A federal perspective. http://pubs.usgs.gov/circ/1331/.

Cai X M, Yang Y C E, Ringler C, et al. 2011. Agricultural water productivity assessment for the Yellow River Basin. Agricultural Water Management, 98 (8): 1297-1306.

Cai X, McKinney D C, Lasdon L S. 2003. Integrated hydrologic-agronomic-economic model for river basin management. Journal of Water Resources Planning and Management, 129 (1): 4-17.

Doran J E, Franklin S, Jennings N R, et al. 1997. On cooperation in multi-agent systems. The Knowledge Engineering Review, 12 (3): 309-314.

Draper A J, Lund J R. 2004. Optimal hedging and carryover storage value. Journal of Water Resources Planning and Management, 130（1）: 83-87.

Durfee A E. 1976. Is program planning just a ritual? Journal of Extension, 14: 20-25.

Eheart J W, Lyon R M. 1983. Alternative structures for water rights markets. Water Resources Research, 19（4）: 887-894.

Faisal I M, Young R A, Warner J W. 1997. Integrated economic-hydrologic modelling for groundwater basin management. International Journal of Water Resources Development, 13（1）: 21-34.

Fedra K, Jamieson D G. 1996. The 'Water Ware' decision-support system for river-basin planning. 2. Planning capability. Journal of Hydrology, 177（3）: 177-198.

Gimblett H R. 2001. Integrating Geographic Information Systems and Agent-Based Technologies for Modeling and Simulating Social and Ecological Phenomena. Integrating Geographic Information Systems and Agent-Based Modeling Techniques for Simulating Social and Ecological Processes, : 1. Oxford: Oxford University Press.

Grimm V, Revilla E, Berger U, et al. 2005. Pattern-oriented modeling of agent-based complex systems: lessons from ecology. Science, 310（5750）: 987-991.

Harding B L, Sangoyomi T B, Payton E A. 1995. Impacts of a severe sustained drought on colorado rwer water resources. JAWRA Journal of the American Water Resources Association, 31（5）: 815-824.

Ikeda T, Nakano M, Yu Y, et al. 2003. Anisotropic bending and unbending behavior of azobenzene liquid-crystalline gels by light exposure. Advanced Materials, 15（3）: 201-205.

Inalhan G, Stipanovic D M, Tomlin C J. 2002. Decentralized optimization, with application to multiple aircraft coordination. Proceedings of the 41st IEEE Conference on Decision and Controlvol 1. New York: Inst of Electr and Electron Eng: 1147-1155.

IPCC. 2007. IPCC Fourth Assessment Report（AR4）. Cambridge: Cambridge University Press.

Keshari D S, Bishnupriya M, Panda P K, et al. 2015. A study of various market samples of spikenard（Nardostachys Jatamansi Dc.）with special reference to its pharmacognostic & phytochemical aspects. Global Journal of Research on Medicinal Plants & Indigenous Medicine, 4（3）: 46.

Lansing J S. 2009. Priests and programmers: technologies of power in the engineered landscape of Bali. Princeton: Princeton University Press.

Lee D J, Howitt R E. 1996. Modeling regional agricultural production and salinity control alternatives for water quality policy analysis. American Journal of Agricultural Economics, 78（1）: 41-53.

Lefkoff L J, Gorelick S M. 1990a. Simulating physical processes and economic behavior in saline, irrigated agriculture: Model development. Water Resources Research, 26（7）: 1359-1369.

Lefkoff L J, Gorelick S M. 1990b. Benefits of an irrigation water rental market in a saline stream-aquifer system. Water Resources Research, 26（7）: 1371-1381.

Liu J, Dietz T, Carpenter S R, et al. 2007. Complexity of coupled human and natural systems. Science, 317（5844）: 1513-1516.

Liu Y Y, Zhao J S, Wang Z J. 2014. Identifying determinants of urban water use using data mining approach. Urban Water Journal.

Lord W B, Booker J F, Getches D M, et al. 1995. Managing the colorado river in a severe sustained drought an evaluation of institutional options. JAWRA Journal of the American Water Resources Association, 31（5）: 939-944.

Loucks D P, Beek E V. 2005. Water Resources Systems Planning and Management: An Introduction to Methods,

Models and Applications. Paris：UNESCO.

Mankiw N G. 2006. The macroeconomist as scientist and engineer. Journal of Economic Perspectives, American Economic Association, 20 (4)：29-46.

Martin R, Sunley P. 2007. Complexity thinking and evolutionary economic geography. Journal of Economic Geography, 7 (5)：573-601.

Mass A, Hufschmidt M M, Dorfman R, et al. 1966. Design of Water Resources System. Cambridge, Mass： Harvard Univ Press.

Matthews O P. 2004. Fundamental questions about water rights and market reallocation. Water Resources Research, 40 (9)：1-9.

McKinney D C, Karimov A K, Cai X. 1997. Report on model development：Aral Sea regional allocation model for the Amudarya River. Technical Rep Prepared for Central Asia Mission.

Milly P C D, Betancourt J, Falkenmark M, et al. 2008. Stationarity is dead：whither water management? Science, 319 (5863)：573-574.

Noel J E, Howitt R E. 1982. Conjunctive multibasin management：an optimal control approach. Water Resources Research, 18 (4)：753-763.

Ostrom E . 2009. A general framework for analyzing sustainability of social- ecological systems. Science, 325 (5939)：419-422.

Perry J, Easter K W. 2004. Resolving the scale incompatibility dilemma in river basin management. Water Resources Research, 40 (8) .

Ponnambalam K, Adams B J. 1996. Stochastic optimization of multi reservoir systems using a heuristic algorithm： case study from India. Water Resources Research, 32 (3)：733-741.

Ringler C, Cai X M, Wang J X, et al. 2010. Yellow River basin：living with scarcity. Water International, 35 (5)：681-701.

Rosegrant M W, Binswanger H P. 1994. Markets in tradable water rights：potential for efficiency gains in developing country water resource allocation. World Development, 22 (11)：1613-1625.

Rosegrant M W, Ringler C, McKinney D C, et al. 2000. Integrated economic-hydrologic water modeling at the basin scale：the Maipo River basin. Agricultural Economics, 24 (1)：33-46.

Schlüter M, Leslie H, Levin S. 2009. Managing water-use trade-offs in a semi-arid river delta to sustain multiple ecosystem services：a modeling approach. Ecological Research, 24 (3)：491-503.

Schlüter M, Pahl-Wostl C. 2007. Mechanisms of resilience in common-pool resource management systems：an agent-based model of water use in a river basin. Ecology and Society, 12 (2)：4.

Souza Filho F A, Lall U, Porto R L L. 2008. Role of price and enforcement in water allocation：insights from game theory. Water Resources Research, 44 (12)：1-12.

Sylla C A . 1994. subgradient-based optimization for reservoirs system management. European Journal of Operational Research, 76 (1)：28-48.

Tejada-Guibert J A, Johnson S A, Stedinger J R. 1995. The value of hydrologic information in stochastic dynamic programming models of a multireservoir system. Water Resources Research, 31 (10)：2571-2579.

Thompson J R, Sørenson H R, Gavin H, et al. 2004. Application of the coupled MIKE SHE/MIKE 11 modelling system to a lowland wet grassland in southeast England. Journal of Hydrology, 293 (1)：151-179.

Vedula S, Kumar D N. 1996. An integrated model for optimal reservoir operation for irrigation of multiple crops. Water Resources Research, 32 (4)：1101-1108.

Vedula S, Mujumdar P P. 1992. Optimal reservoir operation for irrigation of multiple crops. Water Resources Research, 28 (1): 1-9.

Viner D. 2002. A qualitative assessment of the sources of uncertainty in climate change impacts assessment studies. Advances in Global Change Research, (10): 139-149.

Xu W Z, Zhao J S, Zhao T T G, et al. 2014. An adaptive reservoir operation model incorporating nonstationary inflow prediction. ASCE-Journal of Water Resources Planning and Management, 12.

Yang E, Zhao J S, Cai X M. 2012. Decentralized optimization method for water allocation management in the Yellow River basin. ASCE-Journal of Water Resources Planning and Management, 138: 313-325.

Yang Y C E, Cai X, Stipanovic D M. 2009. A decentralized optimization algorithm for multiagent system-based watershed management. Water Resources Research, 45 (8): 1-18.

Yang Y C. 2010. Modeling watershed management with an ecological objective, A multi-agent system based approach. University of Illinois at Urbana-Champaign.

Zhao J S, Cai X M, Wang Z J. 2013. Comparing administered and market-based water allocation systems through a consistent agent-based modeling framework. Journal of Environmental Management, 123: 120-130.

Zhao J S, Wang Z J, Wang D X, et al. 2009. Evaluation of economic and hydrologic impacts of unified water flow regulation in the Yellow River basin. Water Resources Management, 23 (7): 1387-1401.

Zhao J S, Wang Z J, Weng W B. 2003. Theory and model of water resources complex adaptive allocation system. Journal of Geographical Sciences, 13 (1): 112-122.

Zhao J S, Wang Z J, Weng W B. 2004. Study on the holistic model for water resources system. Science in China Ser E Engineering & Materials Science, 47 (Supp I): 72-89.

Zhao T T G, Zhao J S, Lund J R, et al. 2014. Optimal hedging rules for reservoir flood operation from forecast uncertainties, Journal of Water Resources Planning and Management, 140 (12): 04014041.

Zhao T T G, Zhao J S. 2014. A multiple-objective dynamic programming model for reservoir operation optimization. Journal of Hydroinformatics, 16 (5): 1142-1157.

索　引

D

地下水超采	96
多过程模拟	11
多目标	12

F

风险对冲	8
风险管理	153
风险预留	125

G

供需分析	15

H

海河流域	89
淮河流域	128
淮河区	128
黄河流域	32

K

枯水序列	98

M

模拟模型	4

L

南水北调东线	97
南水北调西线	41
南水北调中线	97

Q

气候变化	120

R

人口模型	14
人类-自然耦合系统	2

S

山东半岛	128
水联网	154
水量平衡	25
水量统一调度	40
水市场	7
水资源承载能力	74
水资源调度	15
水资源系统分析	1

T

投入产出	6

X

需水预测	14

Y

引汉济渭	42
优化模型	3

Z

整体模型	4
智慧水利	154
主体模型	8
自然-人工二元系统	2
组合模型	4